土木建筑大类专业系列新形态教材

建筑材料与检测

（第二版）

张琴 刘兰 主编

清华大学出版社

北京

内 容 简 介

本书根据教育部颁布的《高等职业学校专业教学标准》及现行的技术标准和规范编写而成。全书共八个项目,分别介绍了建筑材料的性能和相关检测标准、水泥的性能检测、混凝土用骨料的性能检测、普通混凝土的性能检测、建筑砂浆的性能检测、防水材料的性能检测、建筑钢材的性能检测、建筑外门窗物理三性检测。书中详细介绍了水泥、骨料、混凝土、砂浆、防水材料、钢材、门窗等材料的物理力学性能检测、样品的处理、检测仪器设备的要求和操作方法、相关材料的质量控制内容。通过对本书的学习,学生能够具备对常用建筑材料的质量检测与验收的能力,为其今后的工作奠定坚实的基础。

本书既可作为高职高专土建类专业教材,也可作为建筑工程设计、施工、监理、管理等人员的参考用书。

图书在版编目(CIP)数据

建筑材料与检测/ 张琴,刘兰主编. -- 2 版. -- 北京:清华大学出版社,2025.6.
(土木建筑大类专业系列新形态教材). -- ISBN 978-7-302-69491-5

Ⅰ. TU502

中国国家版本馆 CIP 数据核字第 20257D18M0 号

责任编辑:杜　晓
封面设计:曹　来
责任校对:李　梅
责任印制:丛怀宇

出版发行:清华大学出版社
　　　　网　　　址:https://www.tup.com.cn,https://www.wqxuetang.com
　　　　地　　　址:北京清华大学学研大厦 A 座　　　　邮　　编:100084
　　　　社 总 机:010-83470000　　　　邮　　购:010-62786544
　　　　投稿与读者服务:010-62776969,c-service@tup.tsinghua.edu.cn
　　　　质量反馈:010-62772015,zhiliang@tup.tsinghua.edu.cn
　　　　课件下载:https://www.tup.com.cn,010-83470410
印 装 者:三河市龙大印装有限公司
经　　销:全国新华书店
开　　本:185mm×260mm　　　印　　张:12　　　字　　数:273 千字
版　　次:2022 年 9 月第 1 版　　2025 年 6 月第 2 版　　印　　次:2025 年 6 月第 1 次印刷
定　　价:49.00 元

产品编号:111864-01

序

建筑业作为我国国民经济的重要支柱产业,在过去几十年取得了长足的发展。随着科技的进步,目前建筑业正处于转型升级的关键时期。工业化、数字化、智能化、绿色化成为建筑行业发展的重要方向。例如,BIM(building information modeling)技术的应用为各方建设主体提供了协同工作的基础,在提高生产效率、节约成本和缩短工期方面发挥着重要作用,在设计、施工、运维方面很大程度改变了传统模式和方法;智能建筑系统的普及提升了居住和办公环境的舒适度和安全性;人工智能技术在建筑行业中的应用逐渐增多,如无人机、建筑机器人的应用,提高了工作效率、降低了劳动强度,并为建筑行业带来更多创新;装配式建筑改变了建造方式,其建造速度快、受气候条件影响小,既可节约劳动力,又可提高建筑质量,并且节能环保;绿色低碳理念推动了建筑业可持续发展。2020 年 7 月,住房和城乡建设部等13 个部门联合印发《关于推动智能建造与建筑工业化协同发展的指导意见》(建市〔2020〕60 号),旨在推进建筑工业化、数字化、智能化升级,加快建造方式的转变,推动建筑业高质量发展,并提出到 2035 年,"'中国建造'核心竞争力世界领先,建筑工业化全面实现,迈入智能建造世界强国行列"的奋斗目标。

然而,人才缺乏已经成为制约行业转型升级的瓶颈,培养大批掌握建筑工业化、数字化、智能化、绿色化技术的高素质技术技能人才成为土木建筑大类专业的使命和机遇,同时也对土木建筑大类专业教学改革,特别是教学内容改革提出了迫切要求。

教材建设是专业建设的重要内容,是职业教育类型特征的重要体现,也是教学内容和教学方法改革的重要载体,在人才培养中起着重要的基础性作用。优秀的教材更是提高教学质量、培养优秀人才的重要保证。为了满足土木建筑大类各专业教学改革和人才培养的需求,清华大学出版社借助清华大学一流的学科优势,聚集优秀师资以及行业骨干企业的优秀工程技术和管理人员,启动 BIM 技术应用、装配式建筑、智能建造三个方向的土木建筑大类新形态系列教材建设工作。该系列教材由四川建筑职业技术学院胡兴福教授担任丛书主编,统筹作者团队，确定教材编写原则，并负责审稿等工作。该系列教材具有以下特点。

（1）思想性。该系列教材全面贯彻党的二十大精神，落实立德树人根本任务，引导学生践行社会主义核心价值观，不断强化职业理想和职业道德培养。

（2）规范性。该系列教材以《职业教育专业目录（2021年）》和国家专业教学标准为依据，同时吸取各相关院校的教学实践成果。

（3）科学性。教材建设遵循职业教育的教学规律，注重理实一体化，内容选取、结构安排体现了职业性和实践性的特色。

（4）灵活性。鉴于我国地域辽阔，自然条件和经济发展水平差异较大，部分教材采用不同课程体系，一纲多本，以满足各院校的个性化需求。

（5）先进性。一方面，教材建设体现新规范、新技术、新方法，以及现行法律法规和行业相关规定，不仅突出了BIM、装配式建筑、智能建造等新技术的应用，而且反映了营改增等行业管理模式变革的内容。另一方面，教材采用活页式、工作手册式、融媒体等新形态，并配套开发了数字资源（包括但不限于课件、视频、图片、习题库等），大部分图书配套有富媒体素材，通过二维码的形式链接到出版社平台，供学生扫码学习。

教材建设是一项浩大且复杂的千秋工程，为培养建筑行业转型升级所需的合格人才贡献力量是我们的夙愿。BIM、装配式建筑、智能建造在我国的应用尚处于起步阶段，在教材建设中还有许多课题需要探索，本系列教材难免存在不足之处，恳请专家和广大读者批评、指正，希望更多的同仁与我们共同努力！

胡兴福

2024年7月

第二版前言

建筑材料与检测和生产息息相关,作为工程技术人员,必须具备一定的建筑材料检测的知识和技能。学生通过对"建筑材料与检测"课程的学习,能够正确评价材料的质量,合理地选用材料。

学生通过课程的实训,需要掌握常用建筑材料的技术要求、试验的基本原理和方法、试验的操作步骤等。实训的目的是培养学生必要的专业素质和建筑检测人员的基本素养。实训过程可以提高学生分析和解决问题的能力,培养其细致认真、实事求是的工作态度,同时为后续课程的学习和工作奠定良好的基础。

实训前,学生要做好课程预习,明确实训目的和相关的知识要点。实训操作中,学生要进行数据的记录和分析,注意观察试验操作中出现的各种现象,做好记录,有针对性地进行分析,客观地进行判断。试验结束后,学生能够正确处理试验数据并正确分析试验结果。

本书为江苏城乡建设职业学院工程造价省级高水平专业群立项建设项目(项目编号:ZJQT21002318)。本书分为 8 个项目 23 个任务。学生通过对每个任务的学习,了解实训内容、检测结果的填写和检测数据分析等内容,并帮助学生熟悉国家相关检测标准和试验规范。确定试验设备仪器后,分小组进行试验,调动学生的积极性,提高学生的自主学习能力。

本书的编写有以下特色。

(1)对标行业标准和职业能力要求。本书的内容与行业中的施工员、材料员、质检员的职业岗位紧密对接,为建筑工程技术和装配式工程技术专业学生提供建筑材料取样和性能检测的必备知识。

(2)实训内容联系实际。本书模拟实际工程现场,材料的性能检测过程符合规范要求,检测结果评定按照检测规范步骤进行,所有试验结果都采用新的检测评定表格。

(3)实用性强。本书按照分项目、全过程的教学内容进行设置,学生通过一系列连续项目的实操训练,可掌握工程材料在实际建筑施工中的应用和检测。学生可以连续、由浅入深地学习各个教学项目内容,最终达到能自己独立完成试验过程的目的。

　　本书由江苏城乡建设职业学院张琴和刘兰担任主编，左颖参编。具体编写分工如下：项目1～项目3由张琴编写；项目4～项目6由刘兰编写，项目7和项目8由左颖编写。

　　由于编者水平有限，书中难免有欠妥之处，敬请读者批评、指正，并提出宝贵的修改意见和建议，以便不断地完善本书。

编　者

2025 年 3 月

目　录

项目 1 认知建筑材料

项目描述

建筑物是由各种建筑材料建造而成的。建筑材料在建筑物中承受不同的作用，如梁、板、柱等承重结构材料主要承受各种荷载作用；防水材料经常受到水的作用；隔热与防火材料会受到不同程度的高温作用；处在特殊环境下的工业建筑会受到酸、碱、盐等化学作用；植物类材料会受到昆虫、细菌等生物作用。另外，由于建筑物长期暴露在大气中，还会经常受到风吹、日晒、雨淋、冰冻等引起的热胀冷缩、干湿变化及冻融循环作用等。可见建筑材料在实际工程中所受到的作用是复杂多变的，建筑材料的基本性质就是建筑材料抵抗不同因素作用的表现。

本项目所描述的材料基本性质，是指材料处于不同的使用条件和使用环境时，必须考虑的最基本的、共有的性质。不同种类的材料，由于在建筑中所起的作用不同，应考虑的基本性质也不尽相同。

项目内容

本项目的主要内容包括建筑材料的基本物理性质、基本力学性能及耐久性；建筑材料及检测技术的相关标准；有关数值修约规则。通过本项目的训练，学生可达到如下知识目标、能力目标和素养要求。

知识目标

(1) 掌握材料的密度、表观密度、堆积密度、密实度、孔隙率、填充率及空隙率的概念，熟悉各密度指标的表达式。

(2) 熟悉耐水性、抗渗性、导热性、热容量与比热、吸声性的表达式。

(3) 熟悉建筑材料的检测与技术相关标准。

(4) 熟悉建筑材料的试验数据的处理，数值修约的规则。

能力目标

(1) 能进行材料的密度、孔隙率、填充率、空隙率、压实度等与质量有关的物理性参数计算。

(2) 能够进行吸水率、含水率、耐水性、抗渗性等与水有关的参数计算。

(3) 能进行相关数值的修约计算。

素养要求

(1) 通过项目实施过程中的咨询、题目的解答培养学生资料查阅能力、自我学习的能力。

（2）通过项目实施过程中的调查、汇报等环节，学生能够关心家乡建筑形式、培养家国情怀，并树立起岗位和责任意识。

任务 1.1　熟悉建筑材料的物理力学性能

1. 任务描述

建筑物在使用过程中，要承受各种不同的作用。这些不同的作用，包括各种形式的外力、恶劣环境的影响等，将直接施加到建筑物的组成材料——建筑材料上；而且，建筑物的某些特殊部位会要求建筑材料具有一些特殊的性能，比如抗渗防水、保温隔热、耐热、耐化学腐蚀等。因此，必须掌握建筑材料一些共性的基本性质及测试方法，以合理选用建筑材料。

2. 学习目标

（1）熟悉材料的密度、表观密度、堆积密度、密实度、孔隙率、填充率及空隙率的概念，掌握各密度指标的表达式。

（2）掌握吸水率、含水率、耐水性、抗渗性等与水有关的参数计算。

3. 任务实施（理论测试）

引导问题1：构成建筑物的建筑材料在使用过程中会受到哪些外部因素的作用？请查阅相关资料并举例说明。

_____

_____

_____

_____

引导问题2：请简述块状材料的微观体积构成，并以图示表达。

_____

_____

_____

引导问题3：请简述材料与水有关的性质。在现行的建筑材料中，请作相应举例说明。

_____

_____

_____

_____

综合性调研：请调研目前常用的建筑材料的品种有哪些？它们的强度如何表达？

_____

_____

_____

_____

4. 评价反馈

学生进行自评,评价是否初步了解建筑材料的基本物理性质,是否能正确计算各种密度、吸水率、含水率、抗渗性等与水有关的参数。老师对学生进行的评价内容包括:答题是否工整规范,分析问题是否到位,答题是否全面、准确,是否达到本次任务的要求。

(1) 学生进行自我评价,并将结果填入表 1-1 中。

表 1-1　学生自评表

班级		姓名		学号		组别	
学习任务		熟悉建筑材料的物理力学性能					
评 价 项 目		评 价 标 准				分值	得分
遵守纪律		无缺勤、迟到、早退现象				10	
相关资料的查阅		能利用网络查找并下载相关资料				10	
工作态度		能按计划时间完成工作任务				10	
任务完成情况		完成理论测试题及掌握情况				40	
职业素质		能做到调研过程真实可信、调查范围有代表性、调查信息有据可查				20	
创新意识		能根据自己的理解来分析解答问题,并对问题提出自己的设想				10	
合　计						100	

(2) 教师对学生工作过程和工作结果进行评价,并将评价结果填入表 1-2 中。

表 1-2　教师综合评价表

班级		姓名		学号		组别	
学习任务		熟悉建筑材料的物理力学性能					
评 价 项 目		评 价 标 准				分值	得分
考勤		无迟到、早退、旷课现象				10	
工作过程		课前预习情况				10	
		规范意识				10	
		答题是否规范、清晰				10	
		资料是否有据可查				10	
项目成果		答题完整性、准确性				50	
合　计						100	

5. 学习任务相关知识点

材料的物理性质主要包括与质量和体积有关的性质、与水有关的性质和与热有关的性质。

1）材料与质量和体积有关的性质

（1）块状材料

如图 1-1（a）所示，从微观角度分析，块状材料的体积包括矿质实体体积、闭口孔隙（不与外界连通）体积和开口孔隙（与外界连通）体积三个部分，各部分的体积与质量关系如图 1-1（b）所示。

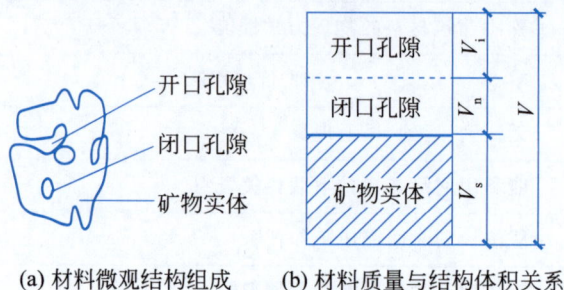

(a) 材料微观结构组成　　(b) 材料质量与结构体积关系

图 1-1　材料微观结构

（2）散粒状或粉状材料

如图 1-2 所示，堆积起来的散粒状或粉状材料的微观体积包括颗粒的实体体积、颗粒的开口孔隙体积、颗粒的闭口孔隙体积和颗粒间隙体积四个部分。其中：堆积体积＝颗粒体积＋空隙体积。由于颗粒的开口孔隙与颗粒间缝隙通常是贯通的，因此，散粒状或粉状材料的堆积体积可以理解为由颗粒的总表观体积与颗粒间总空隙构成。

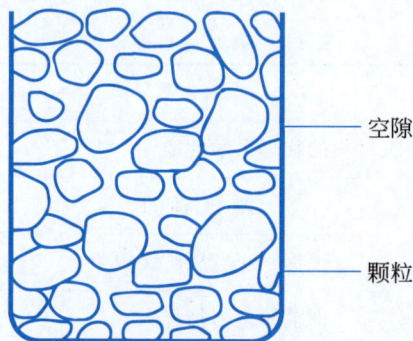

图 1-2　堆积体积

2）反映材料质量与体积关系的参数

（1）密度

密度是材料在绝对密实状态下（不含任何孔隙），单位体积的矿质实体所具有的质量。密度用 ρ 表示，按式（1-1）计算。

$$\rho = \frac{m}{V_s} \tag{1-1}$$

式中：ρ——密度，g/cm^3；

      m——材料在干燥状态下的质量，g；

      V_s——绝对体积或矿质实体体积，cm^3。

材料的质量是指材料所含物质的多少。材料在绝对密实状态下的体积，是指不包括内部孔隙的材料体积。由于材料在自然状态下并非绝对密实，所以绝对密实体积一般难以直接测定，只有钢材、玻璃等材料可近似地直接测定。

（2）表观密度

表观密度是材料单位表观体积（矿质实体体积＋闭口孔隙）所具有的质量，用 ρ_a 表示，按式（1-2）计算。

$$\rho_a = \frac{m}{V_s + V_n} \tag{1-2}$$

式中：ρ_a——材料的表观密度，g/cm^3；

      V_n——材料闭口孔隙的体积，cm^3。

表观密度与材料结构组成中孔隙的多少和孔隙的含水程度密切相关。孔隙越多，表观密度越小；当孔隙中含有水分时，其质量和体积均发生变化。因此，测定材料的表观密度时须注明含水情况。标准状态下测定的表观密度为材料在烘干状态下的表观密度。表观密度通常用于水泥混凝土或沥青混合料的配合比设计。

> **注意**
>
> 在自然状态下，材料内部常含有水分，其质量随含水程度而改变，因此表观密度应注明其含水程度。

（3）毛体积密度

材料在自然状态下，单位体积（矿质实体体积＋闭口孔隙＋开口孔隙）所具有的质量为毛体积密度，以 ρ_b 表示，按式（1-3）计算。

$$\rho_b = \frac{m}{V_s + V_i + V_n} \tag{1-3}$$

式中：ρ_b——材料的毛体积密度，g/cm^3；

      V_i——材料开口孔隙的体积，cm^3。

因为 $V_s + V_i + V_n = V$，故式（1-3）可以改写为

$$\rho_b = \frac{m}{V} \tag{1-4}$$

式中：V——材料总体积，cm^3。

测定材料的毛体积密度时，对于遇水不崩解、不溃散的体积稳定的材料，可将其加工为规则形状的试件，采用精密量具测量其几何形状的方法计算其体积；而对遇水溶解或体积不稳定的松软材料，应采用"封蜡法"测定。

（4）堆积密度

堆积密度是指散粒状或粉末状材料在自然堆积状态下单位体积（矿质实体＋闭口孔

隙＋开口孔隙＋颗粒间间隙的体积）具有的质量,用 ρ_0' 表示,按式(1-5)计算。

$$\rho_0' = \frac{m}{V_0'} \tag{1-5}$$

式中：ρ_0'——材料的堆积密度,kg/m^3；

  m——材料的质量,kg；

  V_0'——材料的自然堆积体积（矿质实体体积＋闭口孔隙＋开口孔隙＋颗粒间隙的体积）,如图 1-2 所示,也即盛装材料的容器的容积,m^3。

  堆积密度的大小取决于材料的表观密度和材料堆积的紧密程度,由此又将堆积密度分为松装堆积密度和紧装堆积密度；松散堆积时测得的堆积密度值要明显小于紧密堆积时的测定值,工程中通常采用松装堆积密度确定颗粒状材料的堆积空间。

  3）表征材料结构密实性的参数

  （1）孔隙率

  孔隙率是指材料中孔隙体积（闭口孔隙＋开口孔隙）占材料总体积（矿质实体体积＋闭口孔隙＋开口孔隙）的百分率,以 P 表示,按式(1-6)进行计算。

$$P = \frac{V - V_s}{V} \times 100\% = \left(1 - \frac{\rho_b}{\rho}\right) \times 100\% \tag{1-6}$$

式中：P——孔隙率；

  V_s——材料的绝对密实体积,cm^3 或 m^3；

  V——材料的自然体积,cm^3 或 m^3。

  孔隙率反映了材料内部构造的致密程度。孔隙率越大,材料结构密实性越差,质地越疏松。材料的强度、吸水性、抗渗性、抗冻性、导热性、吸声性等工程性质都与材料的孔隙率有关,不仅取决于孔隙率的大小,还与孔隙的形状、分布、连通与否等构造特征密切相关。

  （2）密实度

  密实度是材料固体部分的体积（矿质实体体积）占材料总体积（矿质实体体积＋闭口孔隙＋开口孔隙）的百分率,以 D 表示,按式(1-7)进行计算。

$$D = \frac{V_s}{V} \times 100\% = \frac{\rho_b}{\rho} \times 100\% \tag{1-7}$$

式中：D——材料的密实度；

  ρ_b——材料的毛体积密度,g/cm^3；

  ρ——密度,g/cm^3。

  含有孔隙的材料的密实度均小于 1。材料的 ρ_b 与 ρ 越接近,D 越趋近于 1,材料结构就越密实。

  一般来说,材料内部开口孔隙增多会使材料的吸水性、吸湿性、透水性、吸声性提高,抗冻性和抗渗性变差；材料内部闭口孔隙的增多会提高材料的保温隔热性能。

4）表征材料堆积紧密程度的参数

（1）空隙率

空隙率是指散粒或粉状材料颗粒之间的空隙体积占总体积的百分率，用 P' 表示，按式（1-8）计算。

$$P' = \frac{V_0' - V_0}{V_0'} \times 100\% = \left(1 - \frac{\rho_0'}{\rho_a}\right) \times 100\% \tag{1-8}$$

式中：P'——材料的空隙率；

  V_0'——材料的自然堆积体积，cm^3 或 m^3；

  V_0——材料的表观体积，cm^3 或 m^3。

空隙率的大小反映了散粒材料的颗粒间互相填充的紧密程度。空隙率可作为控制混凝土集料级配与计算含砂率的依据。

（2）填充率

填充率是指散粒或粉状材料颗粒体积占其自然堆积体积的百分率，用 D' 表示，即

$$D' = \frac{V_0}{V_0'} \times 100\% = \frac{\rho_0'}{\rho_a} \times 100\% = 1 - P' \tag{1-9}$$

式中：D'——材料的填充率；

  V_0'——材料的自然堆积体积，cm^3 或 m^3；

  V_0——材料的表观体积，cm^3 或 m^3；

  ρ_0'——材料的堆积密度，kg/m^3；

  ρ_a——材料的表观密度，g/cm^3。

5）材料与水有关的性质

（1）亲水性与憎水性

当水与建筑材料在空气中接触时，会出现两种不同的现象。如图 1-3 所示，表面能被水润湿，即水能在其表面铺展开的材料为亲水性材料；表面不能被水润湿，即水不能在其表面铺展开的材料称为憎水性材料。

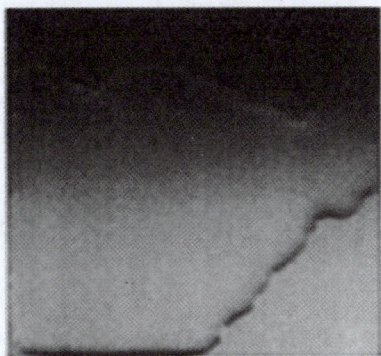 

     （a）亲水性材料   （b）憎水性材料

图 1-3 水在不同材料表面作用的情形

　　材料的亲水性或憎水性通常以润湿角大小划分。润湿角是在材料、水和空气的交点处，沿水滴表面的切线与水和固体接触面所成的夹角。如图 1-4 所示，润湿角 $\theta \leq 90°$ 的材料为亲水性材料；润湿角 $\theta > 90°$ 的材料为憎水性材料。润湿角 θ 越小，材料越易被水润湿。

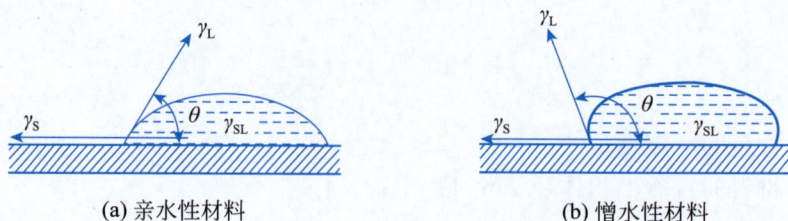

(a) 亲水性材料　　　　　　　　(b) 憎水性材料

图 1-4　材料的润湿角

　　大多数建筑材料，如石料、砖、混凝土、木材等都属于亲水性材料，这些材料的表面都能被水润湿，并且能通过毛细管作用自动将水吸入材料内部，而沥青、油漆、石蜡、塑料等有机高分子材料都属于憎水性材料，这些材料的表面不仅不能被水润湿，而且能阻止水分渗入毛细管中。

　　建筑工程中，憎水性材料常用作防潮、防水及防腐材料，也可用于亲水性材料的表面处理，以降低亲水性材料的吸水量，提高材料的耐水性。

　　（2）吸水性与吸湿性

　　① 吸水性

　　材料在浸水状态下吸收水分的能力称为吸水性。材料的吸水性通常用质量吸水率表示，即材料在吸水饱和时，所吸收水分的质量占材料干燥质量的百分率，按式(1-10)计算。

$$W_{质} = \frac{m_{湿} - m_{干}}{m_{干}} \times 100\% \tag{1-10}$$

式中：$W_{质}$——质量吸水率；

　　　$m_{湿}$——材料在吸水饱和状态下的质量，g；

　　　$m_{干}$——材料在绝对干燥状态下的质量，g。

　　实际工程中，对于加气混凝土、软木等轻质多孔的材料，由于吸入水分的质量往往超过材料干燥时的自重，这时 $W_{质}$ 大于 100%，为了方便表示，可采用体积吸水率表示其吸水性，即材料在吸水饱和时，吸入水分的体积占干燥材料自然体积的百分率，按式(1-11)计算。

$$W_{体} = \frac{V_{水}}{V_0} \times 100\% = \frac{m_{湿} - m_{干}}{V_0} \times \frac{1}{\rho_{水}} \times 100\% \tag{1-11}$$

式中：$W_{体}$——体积吸水率；

　　　$V_{水}$——材料吸入水分的体积，cm^3；

　　　V_0——干燥材料在自然状态下的体积，cm^3；

　　　$\rho_{水}$——水的密度，g/cm^3，常温下取 $1g/cm^3$。

体积吸水率与质量吸水率的关系为

$$W_体 = W_质 \rho_b \qquad (1\text{-}12)$$

式中：ρ_b——材料在干燥状态下的毛体积密度，g/cm^3。

材料吸水率的大小不仅取决于材料本身是亲水的还是憎水的，而且与材料的孔隙率的大小及孔隙特征密切相关。一般材料的孔隙率越大，吸水率也越大；孔隙率相同的情况下，具有细小连通孔的材料比具有较多粗大开口孔隙或闭口孔隙的材料吸水性更强。

② 吸湿性

材料在潮湿的空气中吸收空气中水分的性质称为吸湿性。材料的吸湿性用含水率表示，即材料所含水的质量占材料干燥质量的百分数，按式(1-13)计算。

$$W_含 = \frac{m_含 - m_干}{m_干} \times 100\% \qquad (1\text{-}13)$$

式中：$W_含$——材料的含水率；

$m_含$——材料含水时的质量，g；

$m_干$——材料干燥至恒重时的质量，g。

一般开口孔隙率较大的亲水性材料具有较强的吸湿性。材料含水率的大小，除与其本身的成分、组织构造等有关外，还与周围的温度、湿度有关。气温越低，相对湿度越大，材料的含水率也就越大。材料的吸水率是一个定值，是材料在规定条件下的最大含水率。

③ 耐水性

耐水性是材料长期处于水饱和状态下而不被破坏，强度也不显著降低的性质，用软化系数表示。软化系数是指材料在吸水饱和状态下的抗压强度与其在干燥状态下的强度的比值，按式(1-14)计算。

$$K_软 = \frac{f_饱}{f_干} \qquad (1\text{-}14)$$

式中：$K_软$——材料的软化系数；

$f_饱$——材料在吸水饱和状态下的抗压强度，MPa；

$f_干$——材料在干燥状态下的抗压强度，MPa。

软化系数的取值介于 0～1。软化系数越小，说明材料吸水饱和后强度降低得越多，耐水性越差。软化系数大于 0.80 的材料通常可认为是耐水材料。经常位于水中或处于潮湿环境中的重要建筑物所选用的材料，其软化系数不得低于 0.85；受潮较轻或次要结构所用的材料，其软化系数允许稍有降低，但不宜小于 0.75。

④ 抗冻性

抗冻性是指材料在含水状态下抵抗多次冻融循环而不被破坏，强度也无显著降低的性质。按照国家标准规定，材料的抗冻性可采取快冻和慢冻两种试验方法测定，分别用抗冻等级或抗冻标号表示其抗冻性能的大小。

慢冻试验法是指材料在室内常温(20 ± 2)℃和 1 个大气压条件下吸水饱和后，置于-15℃以下冻结 4h，然后取出放入(20 ± 5)℃的水中溶解 4h，如此为一个冻融循环。材料的抗冻性能以材料的质量损失不超过 5%、压力损失不超过 25%，且试件表面无剥落、裂缝、分层及掉边等现象时所承受的最大冻融循环次数表示，如 D50、D100、D150 等。

快冻试验法是采用 100mm×100mm×400mm 的棱柱体试件，以 28d 龄期进行试验，试件吸水饱和后承受反复冻融循环，一个循环在 2～4h 内完成。材料的抗冻性能以相对动弹模量值不小于 60％，而且质量损失率不超过 5％时所承受的最大冻融循环次数表示，如 F50、F100、F150 等。

材料的结构越密实、闭口孔隙越多、孔隙的充水程度越小，则抗冻等级越高或抗冻标号越大，抗冻性越好。

实际工程中选择材料抗冻等级时要综合考虑工程种类、结构部位、使用条件和气候条件等诸多因素。对处于冬季室外温度低于 −10℃的寒冷地区，建筑物的外墙及露天工程中使用的材料必须进行抗冻性检验。如桥梁工程用的石料在一月份平均气温低于 −10℃的地区，除气候干旱地区的不受冻部分外，应符合表 1-3 的抗冻指标要求。

表 1-3　桥涵用石料抗冻性指标

结 构 部 位	冻融循环次数	
	大中桥	小桥及涵洞
镶面或表层的石料	50	25

⑤ 抗渗性

抗渗性是指材料在水、油、酒精等液体的压力作用下抵抗渗透的性能。描述材料抗渗性能的方式通常有渗透系数和抗渗等级两种。

a. 渗透系数

如图 1-5 所示，材料在压力水作用下透过水量的多少遵守达西定律。即在一定时间 t 内，透过材料试件的水量 W 与试件的渗水面积 A 及水头差 h 成正比，与试件厚度 d 成反比。达西定律可用式（1-15）表示。

$$K = \frac{Wd}{Ath} \tag{1-15}$$

式中：K——渗透系数，cm/h；

　　　W——透过材料试件的水量，cm³；

　　　d——试件厚度，cm；

　　　A——透水面积，cm²；

　　　t——透水时间，h；

　　　h——材料两侧的水压差，cm。

材料的渗透系数越小，说明材料的抗渗性越强。

b. 抗渗等级

抗渗等级是以 28d 龄期的标准试件，按标准试验方法进行试验时所能承受的最大水压力来确定的。材料抗渗性与材料的亲水性、孔隙率及孔隙特征有关。憎水性材料、孔隙率小而孔隙封闭的材料具有较高的抗渗性；亲水性材料、具有连通孔隙和孔隙率较大的材

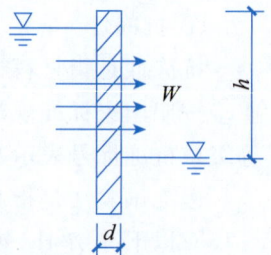

图 1-5　材料透水

料的抗渗性较差。地下建筑防水工程通常使用防水混凝土,要求其应具有较高的密实性、憎水性和抗渗性,抗渗等级大于或等于 P6,即最小抗渗压力为 0.6MPa。《地下工程防水技术规范》(GB 50108—2008)规定:对于 Ⅳ、Ⅴ 级围岩(土层及软弱围岩)防水混凝土,设计抗渗等级应符合表 1-4 的规定。

表 1-4　防水混凝土设计抗渗等级

工程埋置深度/m	设计抗渗等级
<10	P6
10~20	P8
20~30	P10
30~40	P12

任务 1.2　熟悉建筑材料检测的相关标准

1. 任务描述

建筑材料检测是指根据标准及其性能的要求,采用相应的检测手段和方法进行检测的过程。检测工作的主要目的是取得代表建筑材料质量特征的有关数据,科学地评价建筑工程质量。根据各种检测的数据能够合理地使用原材料,达到既保证工程质量又降低工程造价的目的。

2. 学习目标

(1)熟悉建筑材料及检测技术的相关标准。
(2)熟悉各级标准代号的表达意义。

3. 任务实施(理论测试)

引导问题 1:请上网搜集建筑材料及检测技术的标准。

_____

_____

_____

引导问题 2:技术标准分为强制性标准与推荐性标准,请分别举例说明。

_____

_____

_____

引导问题 3:请上网查找江苏省建筑材料的执行标准,并举例说明(至少三种)。

_____

_____

_____

4. 评价反馈

学生进行自评,评价是否初步了解建筑材料及检测技术的相关标准,以及各级标准代号的表达意义,老师对学生进行的评价内容包括:答题是否工整规范,分析问题是否到位,答题是否全面、准确,是否达到本次任务的要求。

（1）学生进行自我评价,并将结果填入表 1-5 中。

表 1-5　学生自评表

班级		姓名		学号		组别	
学习任务		熟悉建筑材料检测的相关标准					
评 价 项 目		评 价 标 准				分值	得分
遵守纪律		无缺勤、迟到、早退现象				10	
相关资料的查阅		能利用网络查找并下载相关资料				10	
工作态度		能按计划时间完成工作任务				10	
任务完成情况		理论测试题完成及掌握情况				40	
职业素质		能做到调研过程真实可信、调查范围有代表性、调查信息有据可查				20	
创新意识		能根据自己的理解来分析解答问题,并对问题提出自己的设想				10	
合　　计						100	

（2）教师对学生工作过程和工作结果进行评价,并将评价结果填入表 1-6 中。

表 1-6　教师综合评价表

班级		姓名		学号		组别	
学习任务		熟悉建筑材料检测的相关标准					
评价项目		评 价 标 准				分值	得分
考勤		无迟到、早退、旷课现象				10	
工作过程		课前预复习情况				10	
		规范意识				10	
		答题是否规范、清晰				10	
		资料是否有据可查				10	
项目成果		答题完整、准确性				50	
合　　计						100	

5. 学习任务相关知识点

建筑材料的技术标准是材料生产单位和使用单位检验、确定材料质量是否合格的技术文件。生产单位必须严格按技术标准进行设计、生产,以确保生产出合格的产品;使用单位必须按技术标准选择、使用合格的材料,以确保工程质量;供需双方必须按技术标准进行材料的验收,以确保双方的合法权益。与建筑材料的生产和选用有关的标准主要有产品标准和工程建设标准。产品标准是为了保证建筑材料产品的适用性,对产品必须达到的要求所制定的标准,包括产品的规格、分类、技术要求、检验方法、验收规则、标志及运输和储存注意事项等;工程建设标准是对工程建设中的勘察、设计、施工、验收等需要协调统一的事项所制定的标准,其中结构设计规范、施工及验收规范等对材料的选择与使用作了规定。

技术标准根据发布单位与适用范围,可分为国家标准、行业(或部)标准、地方标准和企业标准。

1)国家标准

国家标准由国家标准化行政主管部门编制,由国家技术监督局审批并颁布,在全国范围内通用。国家标准具有指导性和权威性,其他各级标准不得与之相抵触。

2)行业标准

行业标准是指没有国家标准而又需要在全国某个行业范围统一技术要求所制定的标准,是对国家标准的补充,是专业性、技术性较强的标准。行业标准的制定不得与国家标准相抵触,国家标准公布实施后,相应的行业标准即行废止。

3)地方标准

地方标准是指没有国家标准和行业标准而又需要在省、自治区、直辖市范围内统一技术要求所制定的标准,地方标准在本行政区域内适用,不得与国家标准和标业标准相抵触。国家标准、行业标准公布实施后,相应的地方标准即行废止。

4)企业标准

企业标准仅限于企业内部适用。企业标准是在没有国家标准和行业标准时,企业为了控制生产质量而制定的技术标准。

技术标准可分为强制性与推荐性。强制性标准是在全国范围内的所有该类产品的技术性质不得低于此标准规定的技术指标;推荐性标准是指国家鼓励采用的具有指导作用而又不宜强制执行的标准。如《建筑用砂》(GB/T 14684—2011)是推荐性标准。四级标准代号见表1-7。

表 1-7 四级标准代号

	标准种类	代号		表示
1	国家标准	GB	国家强制标准	由标准名称、部门代号、标准编号、颁布年份等组成,例如,《通用硅酸盐水泥》(GB 175—2007);《建筑用砂》(GB/T 14684—2011);《普通混凝土配合比设计规程》(JGJ 55—2011)
		GB/T	国家推荐性标准	
2	行业标准	JC	建材行业标准	
		JGJ	住建部行业标准	
		YB	冶金行业标准	
		JT	交通标准	
		SD	水电标准	
3	地方标准	DB	地方强制性标准	
		DB/T	地方推荐性标准	
4	企业标准	QB	适用于本企业	

随着我国对外开放和加入世贸组织，我们常涉及一些与建筑材料关系密切的国际或外国标准，主要有：国际标准，代号为 ISO；美国材料试验学会标准，代号为 ASTM；日本工业标准，代号为 JIS；德国工业标准，代号为 DIN；英国标准，代号为 BS；法国标准，代号为 NF 等。

任务 1.3　掌握数值修约规则

1. 任务描述

建筑材料检测数据是检测活动的重要成果，对检测数据的正确处理，将直接关系到检测结果的正确性。检测数据通常需要按规定要求保留一定的有效位数或精确到某一位，这就需要对数据进行修约，以满足位数的要求。数值修约进舍时应符合中华人民共和国国标《数值修约规则与极限数值的表示和判定》(GB/T 8170—2008)的规定。

2. 学习目标

(1) 掌握数值修约的规则。

(2) 能正确对各类数值进行修约。

3. 任务实施(理论测试)

引导问题 1：请上网查找，数值修约规则应符合＿＿＿＿＿＿＿＿＿＿＿＿＿规定。

引导问题 2：将下列数字修约成整数。

| 20.4 | 32.6 | 45.51 | 67.50 | 42.50 | 21.457 |

引导问题 3：将下列数字修约到个数位的 0.5 单位。

| 34.43 | 34.55 | 34.71 | 34.75 |

引导问题 4：将下列数字修约到个数位的 5 单位。

| 21 | 44 | 57 | 68 | 89 |

4. 评价反馈

学生进行自评，评价自己是否能掌握数值修约规则、是否能按照数值修约规则对各类数值进行修约。老师对学生进行的评价内容包括：答题是否工整规范，分析问题是否到位，答题是否全面、准确，是否达到本次任务的要求。

(1) 学生进行自我评价，并将结果填入表 1-8 中。

表 1-8　学生自评表

班级		姓名		学号		组别	
学习任务		掌握数值修约规则					
评价项目		评价标准				分值	得分
遵守纪律		无缺勤、迟到、早退现象				10	
相关资料的查阅		能利用网络查找相关资料				10	
工作态度		能按计划时间完成工作任务				10	
任务完成情况		理论测试题完成及掌握情况				40	
职业素质		能做到修约数值正确合理、能正确按照各种标准进行修约,培养实事求是的工作作风				20	
创新意识		能根据自己的理解来分析解答问题,并对问题提出自己的设想				10	
合　计						100	

（2）教师对学生工作过程和工作结果进行评价,并将评价结果填入表 1-9 教师综合评价表中。

表 1-9　教师综合评价表

班级		姓名		学号		组别	
学习任务		掌握数值修约规则					
评价项目		评价标准				分值	得分
考勤		无迟到、早退、旷课现象				10	
工作过程		课前预复习情况				10	
		规范意识				10	
		答题是否规范、清晰				10	
		资料是否有据可查				10	
项目成果		答题完整性、准确性				50	
合　计						100	

5. 学习任务相关知识点

1）术语

（1）修约间隔

修约间隔是确定修约保留位数的一种方式。修约间隔的数值一经确定,修约值即应为该数值的整数倍。

例 1-1　如指定修约间隔为 0.1,修约值即应在 0.1 的整数倍中选取,相当于将数值修约到一位小数。

例 1-2 如指定修约间隔为 100，修约值即应在 100 的整数倍中选取，相当于将数值修约到"百"数位。

（2）有效位数

对没有小数位且以若干个零结尾的数值，从非零数字最左一位向右数得到的位数减去无效零（即仅为定位用的零）的个数；对其他十进位数，从非零数字最左一位向右数而得到的位数，就是有效位数。

例 1-3 35 000，若有两个无效零，则为三位有效位数，应写为 350×10^2；若有三个无效零，则为两位有效位数，应写为 35×10^3。

例 1-4 3.2，0.32，0.032，0.0032 均为两位有效位数；0.0320 为三位有效位数。

例 1-5 12.490 为五位有效位数；10.00 为四位有效位数。

（3）0.5 单位修约（半个单位修约）

指修约间隔为指定数位的 0.5 单位，即修约到指定数位的 0.5 单位。

例如，将 60.28 修约到个数位的 0.5 单位，得 60.5。

（4）0.2 单位修约

指修约间隔为指定数位的 0.2 单位，即修约到指定数位的 0.2 单位。

例如，将 832 修约到"百"数位的 0.2 单位，得 840。

2）确定修约位数的表达方式

（1）指定数位。

① 指定修约间隔为 10^n（n 为正整数），或指明将数值修约到 n 位小数。

② 指定修约间隔为 1，或指明将数值修约到个数位。

③ 指定修约间隔为 10^n，或指明将数值修约到 10^n 数位（n 为正整数），或指明将数值修约到"十""百""千"……数位。

（2）指定将数值修约成 n 位有效位数。

3）进舍规则

（1）拟舍弃数字的最左一位数字小于 5 时，则舍去，即保留的各位数字不变。

例 1-6 将 12.1498 修约到一位小数，得 12.1。

例 1-7 将 12.1498 修约成两位有效位数，得 12。

（2）拟舍弃数字的最左一位数字大于 5；或者是 5，而其后跟有并非全部为 0 的数字时，则进一，即保留的末位数字加 1。

例 1-8 将 1268 修约到"百"数位，得 13×10^2（特定时可写为 1300）。

例 1-9 将 1268 修约成三位有效位数，得 127×10（特定时可写为 1270）。

例 1-10 将 10.502 修约到个数位，得 11。

> **注意**
>
> 本标准示例中，"特定时"的含义是指修约间隔或有效位数明确时。

（3）拟舍弃数字的最左一位数字为 5，而右面无数字或皆为 0 时，若所保留的末位数字为奇数（1，3，5，7，9）则进一，为偶数（2，4，6，8，0）则舍弃。

例 1-11　修约间隔为 0.1(或 10^{-1})。

拟修约数值	修约值
1.050	1.0
0.350	0.4

例 1-12　修约间隔为 1000(或 10^3)。

拟修约数值	修约值
2500	2×10^3(特定时可写为 2000)
3500	4×10^3(特定时可写为 4000)

例 1-13　将下列数字修约成两位有效位数。

拟修约数值	修约值
0.0325	0.032
32 500	32×10^3(特定时可写为 32 000)

(4) 负数修约时,先将它的绝对值按规定进行修约,然后在修约值前面加上负号。

例 1-14　将下列数字修约到"十"数位。

拟修约数值	修约值
−355	$−36 \times 10$(特定时可写为 −360)
−325	$−32 \times 10$(特定时可写为 −320)

例 1-15　将下列数字修约成两位有效位数。

拟修约数值	修约值
−365	$−36 \times 10$(特定时可写为 −360)
−0.0365	−0.036

4) 不许连续修约

(1) 拟修约数字应在确定修约位数后一次修约获得结果,不得多次按规则连续修约。

例如:修约 15.4546,修约间隔为 1。

正确的做法:

15.4546→15

不正确的做法:

15.4546→15.455→15.46→15.5→16

(2) 在具体实施中,有时测试与计算部门先将获得数值按指定的修约位数多一位或几位报出,而后由其他部门判定。为避免产生连续修约的错误,应按下述步骤进行。

① 报出数值最右的非零数字为 5 时,应在数值后面加"(＋)"或"(−)"或不加符号,以分别表明已进行过舍、进或未舍未进。

例如:16.50(＋)表示实际值大于 16.50,经修约舍弃成为 16.50;16.50(−)表示实际值小于 16.50,经修约进一成为 16.50。

② 如果判定报出值需要进行修约,当拟舍弃数字的最左一位数字为 5 而后面无数字或皆为零时,数值后面有(＋)号者进一,数值后面有(−)号者舍去,其他仍按规则进行。

例如:将下列数字修约到个数位后进行判定(报出值多留一位到一位小数)。

实测值	报出值	修约值
15.4546	15.5（－）	15
16.5203	16.5（＋）	17
17.5000	17.5	18
－15.4546	－15.5（－）	－15

5）0.5 单位修约与 0.2 单位修约

必要时，可采用 0.5 单位修约和 0.2 单位修约。

（1）0.5 单位修约

将拟修约数值乘以 2，按指定数位依规则修约，所得数值再除以 2。

例如：将下列数字修约到个数位的 0.5 单位（或修约间隔为 0.5）。

拟修约数值 （A）	乘 2 （2A）	2A 修约值 （修约间隔为 1）	A 修约值 （修约间隔为 0.5）
60.25	120.50	120	60.0
60.38	120.76	121	60.5
－60.75	－121.50	－122	－61.0

（2）0.2 单位修约

将拟修约数值乘以 5，按指定数位依本节"3）进舍规则"修约，所得数值再除以 5。

例如：将下列数字修约到"百"数位的 0.2 单位（或修约间隔为 20）。

拟修约数值 （A）	乘 5 （5A）	5A 修约值 （修约间隔为 100）	A 修约值 （修约间隔为 20）
830	41 50	4200	840
842	42 10	4200	840
－930	－4650	－4600	－920

项目 2　水泥的性能检测

项目描述

　　水泥是基本建设中最重要的建筑材料,广泛应用于工业与民用建筑、交通、水利电力、海港和国防工程。水泥可以与骨料及增强材料制成混凝土、钢筋混凝土、预应力混凝土构件,也可配制砌筑砂浆、装饰、抹面、防水砂浆,用于建筑物砌筑、抹面和装饰等。

　　水泥按性能和用途可分为通用水泥、专用水泥和特种水泥。通用水泥是指用于一般土木建筑工程的水泥,如硅酸盐水泥、普通硅酸盐水泥、矿渣硅酸盐水泥、火山灰硅酸盐水泥、粉煤灰硅酸盐水泥和复合硅酸盐水泥;专用水泥是指有专门用途的水泥,如砌筑水泥、道路水泥、油井水泥等;特种水泥是指某种性能比较突出的水泥,如快硬硅酸盐水泥、膨胀水泥、喷射水泥、抗硫酸盐水泥等。

项目内容

　　本项目的主要内容包括检测水泥细度、水泥标准稠度、凝结时间、体积安定性、强度。通过本项目的训练,学生可达到如下知识目标、能力目标和素养要求。

知识目标

　　(1) 掌握通用水泥的定义、品种、混合材的掺量与质量要求。

　　(2) 掌握国家标准对不同品种水泥的细度、安定性、凝结时间、强度的要求。

　　(3) 掌握水泥密度、细度、标准稠度、安定性、凝结时间、流动度、强度等物理性能的表示方法和物理意义。

　　(4) 掌握国家标准规定的水泥密度、细度、标准稠度、安定性、凝结时间、强度等物理性能的检验原理。

能力目标

　　(1) 能根据不同的水泥品种(硅酸盐水泥、普通硅酸盐水泥、矿渣硅酸盐水泥、硅酸盐水泥、火山灰质硅酸盐水泥、复合硅酸盐水泥),查阅、选择、使用标准。

　　(2) 能根据相应的标准及时准确地检验水泥的标准稠度。

　　(3) 能根据相应的标准及时准确地检验水泥的安定性。

　　(4) 能根据相应的标准及时准确地检验水泥的凝结时间。

　　(5) 能根据相应的标准及时准确地检验水泥的强度。

　　(6) 能正确处理检验数据。

　　(7) 能完整填写原始记录和台账。

（8）能及时向有关生产岗位和单位通报检验结果。

（9）能根据检验结果正确区分水泥质量等级。

（10）能通过阅读仪器使用说明书，会安全正确地操作仪器。

（11）能查阅、分析、选择、整理相关资料。

（12）能与团队成员团结合作、能自我学习。

素养要求

（1）通过项目实施过程中的咨询、初步方案设计，培养学生资料查阅能力、经济成本意识和自我学习的能力。

（2）通过项目实施过程中的检测、小组汇报等环节培养学生安全操作意识、严谨的工作态度、团队合作精神、吃苦耐劳的精神和环境保护意识。

任务 2.1　水泥标准稠度用水量的检测

1. 任务描述

某建筑公司购进一批 300t 强度等级为 42.5 的袋装普通水泥，公司与厂家商定以抽取实物试件的检验结果为验收依据，现水泥已运至施工现场。请同学以施工现场材料员的身份进行该水泥质量验收及合格判定。

根据《水泥标准稠度用水量检验方法》（GB/T 1346—2011）中的有关规定，测定水泥的标准稠度用水量，拌制标准稠度的水泥净浆，为测定水泥的凝结时间和安定性提供依据。

2. 学习目标

（1）能掌握检测仪器和设备的使用方法。

（2）能掌握水泥标准稠度用水量检测。

（3）能准确判定水泥的检测结果。

3. 任务准备

（1）进入实验室后，先查看室内试验环境是否满足试验要求［温度：（20±2）℃，湿度≥50%］，不满足要求时，进行温湿度控制，温度可用空调进行恒温控制，湿度可开加湿器控制，保持在 50% 以上。

（2）仪器准备：选取并检查所用仪器设备。

仪器：水泥净浆搅拌机、标准维卡仪、雷氏夹、试模、玻璃板（厚度 4～5mm，边长 100mm 的两块，边长 80mm 的四块）、机油、刮刀、电子天平（最大称量大于 1000g，精度小于或等于 1g）、量筒［（精度±0.5）mL］、饮用水或蒸馏水。

（3）试模准备：记录室内试验环境，试模和玻璃底板用湿布擦拭，将试模放在底板上。

（4）材料准备：电子天平准确称量水泥 500g，预估用水量准确至 1g。

4. 任务分组

学生根据任务分组情况，完成表 2-1。

表 2-1　任务分组表

班级			组号		
组长			学号		
组员	学号	姓名	学号	姓名	
任务分工					

5. 任务实施(理论测试)

引导问题 1：建筑工程中通用水泥主要包括_____、_____、_____、_____、_____和_____六种。

引导问题 2：硅酸盐水泥是由_____和适量的_____、_____经磨细制成的水硬性胶凝材料。

引导问题 3：水泥标准稠度,是采用规定的方法拌制的水泥净浆,在水泥标准稠度测定仪上,当标准试杆沉入净浆并能稳定在距底板_____mm 时,其拌合用水量为水泥的标准稠度用水量。

引导问题 4：按《水泥标准稠度用水量、凝结时间、安定性检验方法》(GB/T 1346—2011),标准稠度用水量有_____和_____两种测定方法。当发生争议时,以_____为准。

引导问题 5：水泥的标准稠度用水量主要与水泥的_____及其_____等有关。硅酸盐水泥的标准稠度用水量一般在 21%～28%。

6. 任务实施（技能操作）

学生根据任务要求完成表 2-2。

表 2-2　水泥标准稠度用水量的检测

姓名		班级		学号		成绩	
任务名称		水泥标准稠度用水量的检测			日期		
天气情况					室内温度		
任务准备		1. 温湿度条件准备：					
		2. 仪器准备：					
		3. 材料准备：					
		4. 安全防护：					
任务计划							
任务实施							
整改措施							

> **试验小提示**
>
> （1）称量要精确，将水泥倒入搅拌锅时要注意，不要倒至搅拌锅外。
> （2）重复测定时，一定要将上次试验所用的仪器清洗干净，重新称量水泥和水的用量。
> （3）注意安全，一定要等搅拌完全停止后，再取下搅拌锅。
> （4）保持实训室卫生，试验完毕后清洗仪器，整理操作台。

7. 水泥标准稠度用水量数据处理

完成水泥标准稠度用水量的测定，并将数据填入表 2-3 中。

表 2-3 水泥标准稠度用水量数据处理

	水泥品种			水泥生产日期			
试验数据记录	试验次数	1	2	3	4	5	6
	水泥加入水中的时间						
	用水量/g						
	试杆距底板深度/mm						
	数据分析						
结果评定							

8. 评价反馈

学生进行自评，评价是否能完水泥标准稠度用水量检测的学习、是否能完成水泥标准稠度用水量的检测和按时完成报告内容等实训成果资料、有无任务遗漏。老师对学生进行的评价内容包括：报告书写是否工整规范，报告内容数据是否出自实训、是否真实合理、阐述是否详细、认识体会是否深刻，试验结果分析是否合理，是否起到了实训的作用。

（1）学生进行自我评价，并将结果填入表 2-4 中。

表 2-4 学生自评表

班级		姓名		学号		组别	
学习任务	水泥标准稠度用水量的检测						
评价项目	评价标准				分值	得分	
检测仪器的选取	能正确选用仪器，安全操作仪器				10		
水泥型号的读取	能准确读取水泥的型号				10		

续表

评 价 项 目	评 价 标 准	分值	得分
检测过程的规范性	能根据检测步骤进行检测	20	
工作态度	工作态度端正，无缺勤、迟到、早退现象	15	
工作质量	能按计划时间完成工作任务	15	
协调能力	与小组成员、同学之间能合作交流、协调工作	10	
职业素质	能做到安全生产、爱护公物、工完场清	10	
创新意识	能对检测过程进行合理的小结，并对检测过程中水泥的变化进行分析	10	
合　　计		100	

（2）学生以小组为单位，对以上学习任务的过程和结果进行互评，将互评结果填入表 2-5 中。

表 2-5　学生互评表

学习任务	水泥标准稠度用水量的检测		
评 价 项 目	评 价 标 准	分值	得分
计划的合理性	是否能合理地编排检测计划	10	
检测的准确性	检测过程是否正确	10	
团队合作	是否具有良好的合作意识	20	
组织有序	组员之间配合是否默契	15	
工作质量	检测质量良好与否	15	
工作效率	工作效率是否符合要求	10	
工作规范	是否按照检测规范进行检测，安全操作，工完场清	10	
成果展示	能否将检测成果进行拍照并在全班展示，分析检测过程中的得失	10	
合　　计		100	

（3）教师对学生工作过程和工作结果进行评价，并将评价结果填入表 2-6 中。

表 2-6　教师综合评价表

班级		姓名		学号		组别	
学习任务	水泥标准稠度用水量的测定						

续表

评价项目	评价标准	分值	得分
考勤	无迟到、早退、旷课现象	10	
工作过程	态度认真,工作积极主动	10	
	安全意识,规范意识	10	
	仪器调试、检测规范,操作无误	10	
	工完场清的职业精神	10	
	组员间协作与配合、沟通表达、团队意识	10	
项目成果	数据分析准确,检测项目完整	40	
合　计		100	

9. 学习任务相关知识点

水泥呈粉末状,当它加水混合后成为可塑性浆体,经一系列物理化学作用凝结硬化变成坚硬石状体,并能将散粒状材料胶结成为整体。水泥既能在空气中硬化,又能更好地在水中硬化,保持并发展强度,是典型的无机水硬性胶凝材料。

水泥是最主要的建筑材料之一,广泛应用于工业与民用建筑、交通、水利电力、海港和国防工程。水泥可以与骨料及增强材料制成混凝土、钢筋混凝土、预应力混凝土构件,也可配制砌筑砂浆、装饰、抹面、防水砂浆用于建筑物砌筑、抹面和装饰等。

凡以适当成分的生料(主要含 CaO、SiO_2、Al_2O_3、Fe_2O_3),按适当比例磨成细粉烧至熔融所得以硅酸钙为主要成分的矿物称为硅酸盐水泥熟料;由此熟料和适量的石膏、混合材料制成的水硬性胶凝材料称为通用硅酸盐水泥。通用硅酸盐水泥包括硅酸盐水泥、普通硅酸盐水泥、矿渣硅酸盐水泥、火山灰硅酸盐水泥、粉煤灰硅酸盐水泥和复合硅酸盐水泥,各品种的组分和代号应符合表 2-7 的规定。

表 2-7　通用硅酸盐水泥的组分应符合的规定

品　种	代　号	组　分		
		熟料＋石膏	粒化高炉矿渣	石灰石
硅酸盐水泥	P·I	100	—	—
	P·II	95～100	0～5	—
			—	0～5

品　种	代　号	组　分			
		熟料＋石膏	粒化高炉矿渣	粉煤灰	火山灰质混合材料	替代组分
普通硅酸盐水泥	P·O	80～95	5～20			0～5

续表

品　种	代　号	组　分				
		熟料＋石膏	粒化高炉矿渣	粉煤灰	火山灰质混合材料	替代组分
矿渣硅酸盐水泥	P·S·A	50～80	20～50	—	—	0～8
	P·S·B	30～50	50～70	—	—	
火山灰质硅酸盐水泥	P·P	60～80	—	20～40	—	—
粉煤灰硅酸盐水泥	P·F	60～80	—	—	20～40	—
复合硅酸盐水泥	P·C	50～80		20～50		0～8

　　硅酸盐水泥是硅酸盐类水泥的一个基本品种，其他品种的硅酸盐类水泥都是在其基础上加入一定量的混合材料或适当改变熟料中的矿物成分的含量制成的。

　　在测定水泥的凝结时间、体积安定性时，为避免出现误差并使结果具有可比性，必须在规定的水泥标准稠度下进行试验。所谓标准稠度，是采用按规定的方法拌制的水泥净浆，在水泥标准稠度测定仪上，当标准试杆沉入净浆并能稳定在距底板（6±1）mm 时，其拌合用水量为水泥的标准稠度用水量，按照此时水与水泥质量的百分比计。

　　水泥的标准稠度用水量主要与水泥的细度及其矿物成分等有关。硅酸盐水泥的标准稠度用水量一般在 21%～28%。

> **注意**
>
> 　　水泥标准稠度用水量是指水泥净浆达到标准稠度时所需要的水，通常用水与水泥质量的比（百分数）来表示。硅酸盐水泥的标准稠度用水量一般在 21%～28%。水泥的标准稠度用水量主要与水泥的细度及其矿物成分有关。

试验 2.1　水泥标准稠度用水量检测

1. 试验目的

　　按《水泥标准稠度用水量、凝结时间、安定性检验方法》（GB/T 1346—2011），标准稠度用水量有调整水量法和固定水量法两种测定方法。当有争议时，以调整水量法为准。

2. 主要仪器设备

　　（1）水泥标准稠度测定仪（维卡仪）如图 2-1 所示：滑动部分的总质量为（300±2）g，金属空心试锥锥底直径 40mm、高 50mm，装净浆用锥模上部内径 60mm、锥高 75mm。

　　（2）水泥净浆搅拌机由搅拌锅和搅拌叶片组成，如图 2-2 所示。

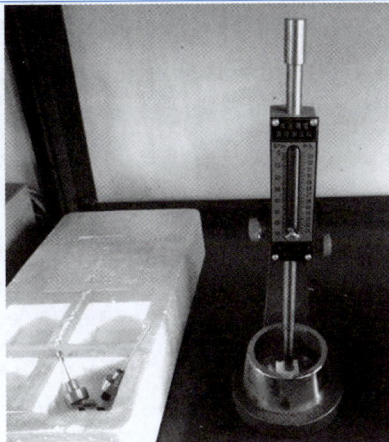

图 2-1　维卡仪

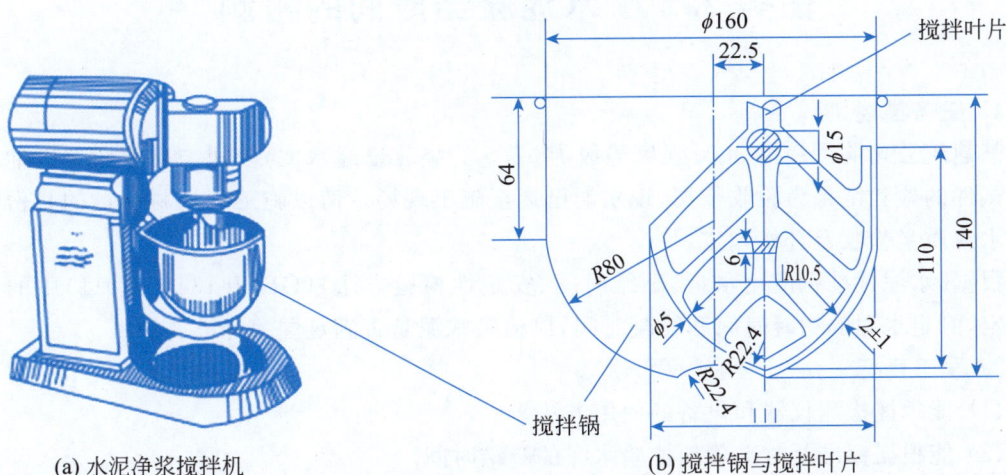

(a) 水泥净浆搅拌机　　　　　　　　(b) 搅拌锅与搅拌叶片

图 2-2　水泥净浆搅拌机及搅拌叶片

3. 试验前准备工作

（1）维卡仪的滑动杆能自由滑动。试模和玻璃底板用湿布擦拭，将试模放在底板上。

（2）调整至试杆接触玻璃板时指针对准零点。

（3）搅拌机运行正常。

4. 操作步骤

用水泥净浆拌机搅拌，搅拌锅和搅拌叶片先用湿布擦过，将拌合水倒入搅拌锅内，然后在 5～10s 内小心将称好的 500g 水泥加入水中，防止水和水泥溅出。拌合时，先把锅放在搅拌机的锅座上，升至搅拌位置，启动搅拌机，低速搅拌 120s，停 15s，同时将叶片和锅壁上的水泥浆刮入锅中间，接着高速搅拌 120s，然后停机。

5. 标准稠度用水量的测定步骤

拌合结束后，立即取适量水泥净浆一次性将其装入已置于玻璃底板上的试模中，用宽约 25mm 的直边刀轻轻拍打超出试模部分的浆体 5 次以排除浆体中的空隙，然后在试模表面约 1/3 处，略倾斜于试模分别向外轻轻锯掉多余净浆，再从试模边沿轻抹顶部一次，使净浆表面光滑，在锯掉多余净浆和抹平的操作过程中，不要压实净浆；抹平后迅速将试模和底板移到维卡仪上，并将其中心定在试杆上，降低试杆直至与水泥净浆表面接触，拧紧螺线 1～2s 后，突然放松，使试杆垂直自由地沉入水泥净浆中。试杆停止沉入或释放试杆 30s 记录试杆距底板之间的距离，升起试杆后，立即擦净；整个操作应在搅拌后 1.5min 内完成。以试杆沉入净浆并距底板（6±1）mm 的水泥净浆为标准稠度净浆。其拌合水量为该水泥的标准稠度用水量（P），按水质量的百分比计

$$P = \frac{A}{500} \times 100\%$$

任务 2.2　　水泥凝结时间的检测

1. 任务描述

某建筑公司购进一批 300t 强度等级为 42.5 的袋装普通水泥，公司与厂家商定以抽取实物试件的检验结果为验收依据，现水泥已运至施工现场。请以施工现场材料员的身份进行该水泥质量验收及合格判定。

根据《水泥标准稠度用水量、凝结时间、安定性检验方法》（GB/T 1346—2011）中的有关规定，测定水泥的初凝时间和终凝时间，以检验水泥是否满足国家标准要求。

2. 学习目标

（1）能掌握检测仪器和设备的使用方法。

（2）能根据标准及时准确地检验水泥的凝结时间。

（3）能根据标准判定水泥的检测结果。

3. 任务准备

（1）进入实验室后先查看室内试验环境是否满足试验要求［温度：（20±2）℃，湿度≥50%］，不满足要求时，进行温湿度控制，温度可用空调进行恒温控制，湿度可开加湿器控制，保持在 50% 以上。

（2）仪器准备：选取并检查所用仪器设备。

① 凝结时间测定仪（标准法维卡仪），与测定标准稠度用水量时的测定仪相同，只是将试锥换成试针，试针是由钢制成的直径为 1.13mm 的圆柱体，初凝针有效长度为 50mm，终凝针为 30mm，安装环形附件。

② 净浆搅拌机。

③ 人工拌合圆形钵及拌合铲等。

4. 任务分组

根据任务分组情况，完成表 2-8。

表 2-8　任务分组表

班级		组号		
组长		学号		
组员	学号	姓名	学号	姓名
任务分工				

5. 任务实施(理论测试)

引导问题 1:水泥从_____开始到失去_____,即从可塑状态发展到比较致密的固体状态所需要的时间,称为水泥的凝结时间。

引导问题 2:_____是指水泥从加水拌合起到水泥浆开始失去塑性所需的时间。

引导问题 3:终凝时间是指水泥从_____拌合时起到水泥浆完全失去_____,并开始具有强度(但还没有强度)的时间。

引导问题 4:国家标准规定,硅酸盐水泥的初凝不早于____min,终凝不迟于____min。

引导问题 5:当施工结束以后,则要求混凝土尽快硬化,并具有强度,因此水泥的终凝时间不能太_____。

6. 任务实施(技能操作)

根据任务要求完成表 2-9。

表 2-9　水泥凝结时间的检测

姓名		班级		学号		成绩	
任务名称		水泥凝结时间的检测			日期		
天气情况					室内温度		
任务准备		1. 温湿度条件准备：					
		2. 仪器准备：					
		3. 材料准备：					
		4. 安全防护：					
任务计划							
任务实施							
整改措施							

试验小提示

（1）检测时应注意，在最初测定的操作时应轻轻扶持金属柱，使其徐徐下降，以防试针撞弯，但结果以自由下落为准。

（2）在整个检测过程中试针沉入的位置至少要距试模内壁 10mm。

（3）临近初凝时，每隔 5min（或更短时间）测定一次，临近终凝时每隔 15min（或更短时间）测定一次，到达初凝或终凝时应立即重复测一次，当两次结论相同时才能定为到达初凝。到达终凝时，需要在试体另外两个不同点测试，确认结论相同才能定到达终凝状态。

（4）每次检测不能让试针落入原针孔，每次测试完毕须将试针擦净并将试模放回湿气养护箱内，整个测试过程要防止试模受振。

（5）保持实训室卫生，试验完毕后清洗仪器，整理操作台。

7. 水泥凝结时间数据处理

学生进行数据处理，并按要求完成表 2-10。

表 2-10　水泥凝结时间数据处理

	水泥品种						水泥生产日期				
试验数据记录	试验次数	1	2	3	4	5	6	7	8	9	10
	测试时间										
	指针距底板读数/mm										
	初凝时间/min										
	终凝时间/min										
结果评定											

8. 评价反馈

学生进行自评，评价是否能完水泥凝结时间的学习、是否能完成水泥凝结时间的检测和按时完成报告内容等实训成果资料、有无任务遗漏。老师对学生进行的评价内容包括：报告书写是否工整规范，报告内容数据是否出自实训、是否真实合理、阐述是否详细、认识体会是否深刻，试验结果分析是否合理，是否起到了实训的作用。

（1）学生进行自我评价，并将结果填入表 2-11 中。

表 2-11　学生自评表

班级		姓名		学号		组别	
学习任务		水泥凝结时间的检测					
评　价　项　目		评　价　标　准			分值		得分
检测仪器的选取		能正确选用仪器，安全操作仪器			10		
水泥型号的读取		能准确读取水泥的型号			10		
检测过程的规范性		能根据检测步骤进行检测			20		
工作态度		工作态度端正，无缺勤、迟到、早退现象			15		
工作质量		能按计划时间完成工作任务			15		
协调能力		与小组成员、同学之间能合作交流、协调工作			10		
职业素质		能做到安全生产、爱护公物、工完场清			10		
创新意识		能对检测过程进行合理的小结，并对检测过程中水泥的变化进行分析			10		
合　　计					100		

（2）学生以小组为单位，对以上学习任务的过程和结果进行互评，将互评结果填入表 2-12 中。

表 2-12　学生互评表

学习任务		水泥凝结时间的检测					
评　价　项　目		评　价　标　准			分值		得分
计划的合理性		是否能合理地编排检测计划			10		
检测的准确性		检测过程是否正确			10		
团队合作		是否具有良好的合作意识			20		
组织有序		组员之间配合是否默契			15		
工作质量		检测质量良好与否			15		
工作效率		工作效率是否符合要求			10		
工作规范		是否按照检测规范进行检测，安全操作，工完场清			10		
成果展示		能否将检测成果进行拍照并在全班展示，分析检测过程中的得失			10		
合　　计					100		

（3）教师对学生工作过程和工作结果进行评价，并将评价结果填入表 2-13 中。

表 2-13　教师综合评价表

班级		姓名		学号		组别	
学习任务		水泥凝结时间的检测					
评价项目		评价标准				分值	得分
考勤		无迟到、早退、旷课现象				10	
工作过程		态度认真,工作积极主动				10	
		安全意识,规范意识				10	
		仪器调试、检测规范,操作无误				10	
		工完场清的职业精神				10	
		组员间协作与配合、沟通表达,团队意识				10	
项目成果		数据分析准确,检测项目完整				40	
合　计						100	

9. 学习任务相关知识点

水泥的凝结时间分为初凝和终凝。初凝时间是指从水泥加水拌合起到水泥浆开始失去塑性所需的时间;终凝时间是指从水泥加水拌合时起到水泥浆完全失去可塑性,并开始具有强度(但还没有强度)的时间。水泥初凝时,凝聚结构形成,水泥浆开始失去塑性,若在水泥初凝后还进行施工,不但由于水泥浆体塑性降低不利于施工成型,而且将影响水泥内部结构的形成,降低强度。所以,为使混凝土和砂浆有足够的时间进行搅拌、运输、浇注、振捣、成型或砌筑,水泥的初凝时间不能太短。当施工结束以后,要求混凝土尽快硬化,并具有强度,因此水泥的终凝时间不能太长。

水泥凝结时间的测定,是以标准稠度的水泥净浆,在规定的温度和湿度条件下,用凝结时间测定仪来测定。

国家标准规定,硅酸盐水泥的初凝时间不小于 45min,终凝时间不大于 390min。

试验 2.2　水泥净浆凝结时间检测

1. 试验目的

按《水泥标准稠度用水量、凝结时间、安定性检验方法》(GB/T 1346—2011),测定水泥加水开始至开始凝结(初凝)以及凝结终了(终凝)所用的时间,以检验水泥是否满足国家标准要求。

2. 主要仪器设备

(1) 凝结时间测定仪(维卡仪)(图 2-1)与测定标准稠度用水量时的测定仪相同,只是将试锥换成试针,试针是由钢制成的直径为 1.13mm 的圆柱体,初凝针有效长度为 50mm,终凝针为 30mm,安装环形附件。

（2）净浆搅拌机，如图 2-2 所示。

（3）人工拌合圆形钵及拌合铲等。

3. 检测步骤与检测结果

（1）测定前，将圆模放在玻璃板上（在圆模内侧及玻璃板上稍稍涂上一薄层机油），在滑动杆下端安装好初凝试针并调整仪器使试针接触玻璃板时，指针对准标尺的零点。

（2）以标准稠度用水量，用 500g 水泥拌制水泥净浆，记录开始加水的时刻为凝结时间的起始时刻。将拌制好的标准稠度净浆，一次装入圆模，振动数次后刮平，然后放入养护箱内。试件在养护箱养护至加水后 30min 时进行第一次测定。

（3）测定时从养护箱中取出圆模放在试针下，使试针与净浆面接触，拧紧螺丝，然后突然放松，试针自由沉入净浆，1～2s 后观察指针读数。

在最初测定时应轻轻扶持试针的滑棒，使之徐徐下降，以防止试针撞弯。但初凝时间仍必须以自由降落的指针读数为准。

临近初凝时，每隔 5min 测试 1 次；临近终凝时，每隔 15min 测试 1 次。到达初凝或终凝状态时应立即复测一次，且两次结果必须相同。每次测试不得让试针落入原针孔内，且试针贯入的位置至少要距圆模内壁 10mm。每次测试完毕，须将盛有净浆的圆模放养护箱，并将试针擦净。

初凝测试完成后，将滑动杆下端的试针更换为终凝试针继续进行终凝检测。终凝测试时，试模直径大端朝上，小端朝下，放入养护箱内养护、测试。整个测试过程中，圆模不应受振动。

（4）自加水时起，至试针沉入净浆中距底板 3～5mm 时所需时间为初凝时间；至试针沉入净浆中 0.5mm 时所需时间为终凝时间。用分（min）来表示。

任务 2.3 水泥体积安定性的检测

1. 任务描述

某建筑公司购进一批 300t 强度等级为 42.5 的袋装普通水泥，公司与厂家商定以抽取实物试件的检验结果为验收依据，现水泥已运至施工现场。请同学以施工现场材料员的身份进行该水泥质量验收及合格判定。

根据《水泥安定性检验方法》（GB/T 1346—2011）中的有关规定测定水泥的体积安定性，以检验水泥是否满足国家标准要求。

2. 学习目标

（1）能掌握检测仪器和设备的使用方法。

（2）能根据标准及时准确地检验水泥的体积安定性。

（3）能根据标准判定水泥的检测结果。

3. 任务准备

（1）进入实验室后，先查看室内试验环境是否满足试验要求［温度（20±2）℃，湿度≥

50％],不满足要求时,进行温湿度控制,温度可用空调进行恒温控制,湿度可开加湿器控制,保持在 50％以上。

（2）仪器准备:选取并检查所用仪器设备。

沸煮箱(篦板与箱底受热部位的距离不得小于 20mm)、雷氏夹、雷氏夹膨胀测量仪、净浆搅拌机、标准养护箱、直尺、小刀等。

4. 任务分组

学生根据任务分组情况,完成表 2-14。

表 2-14　任务分组表

班级			组号		
组长			学号		
组员	学号	姓名	学号		姓名
任务分工					

5. 任务实施(理论测试)

引导问题 1:水泥＿＿＿＿＿＿＿＿＿是指水泥在凝结硬化过程中体积变化是否均匀。

引导问题 2:使用安定性不良的水泥,水泥制品表面将＿＿＿＿＿＿＿＿＿、＿＿＿＿＿＿＿＿＿＿＿＿＿、产生膨胀性的龟裂等,＿＿＿＿＿＿＿＿＿＿降低,甚至引起严重的工程质量事故。

引导问题 3:水泥体积安定性不良是由于熟料中含有过多的游离＿＿＿＿＿＿＿、游离＿＿＿＿＿＿＿＿＿或掺入的石膏过量等原因所造成的。

引导问题 4:国家标准规定用＿＿＿＿＿＿＿＿＿法来检验水泥的体积安定性。

引导问题 5:雷氏夹法是通过测定雷氏夹中的水泥浆经沸煮 3h 后的膨胀值来判断的,当两个试件煮后增加距离 $C-A$ 的平均值不大于＿＿＿＿＿＿＿＿mm 时,即安定性合格,当两个试件的（$C-A$）值相差超过＿＿＿＿＿＿＿mm 时，应用同一样品立即重做一次试验。

6. 任务实施（技能操作）

根据任务要求完成表 2-15。

表 2-15　水泥体积安定性的检测

姓名		班级		学号		成绩	
任务名称		水泥体积安定性的检测				日期	
天气情况						室内温度	
任务准备		1. 温湿度条件准备：					
		2. 仪器准备：					
		3. 材料准备：					
		4. 安全防护：					
任务计划							
任务实施							
整改措施							

> **试验小提示**
>
> （1）检验用净浆必须是标准稠度净浆。
>
> （2）用试饼法检验水泥的安定性时，必须按规定标准制作试饼。
>
> （3）雷氏夹试件成型操作时应用一只手轻轻向下压住两根指针的焊点处，防止装浆时试模在玻璃板上产生移动。但不能用手捏雷氏夹而造成切口边缘重叠。

7. 水泥体积安定性数据处理

学生进行数据处理，并按要求完成表 2-16。

表 2-16　水泥体积安定性数据处理

试验数据记录	水泥品种		水泥生产期	
	试验次数	沸煮前指针尖端的距离 A/mm	煮沸后指针尖端的距离 C/mm	煮沸后试件的增加距离 C—A/mm
	1			
	2			
结果评定				

8. 评价反馈

学生进行自评，评价是否能完成水泥体积安定性的学习、是否能完成水泥体积安定性的检测和按时完成报告内容等实训成果资料、有无任务遗漏。老师对学生进行的评价内容包括：报告书写是否工整规范，报告内容数据是否出自实训、是否真实合理、阐述是否详细、认识体会是否深刻，试验结果分析是否合理，是否起到了实训的作用。

（1）学生进行自我评价，并将结果填入表 2-17 中。

表 2-17　学生自评表

班级		姓名		学号		组别	
学习任务		水泥体积安定性的检测					
评价项目		评价标准				分值	得分
检测仪器的选取		能正确选用仪器，安全操作仪器				10	
水泥型号的读取		能准确读取水泥的型号				10	
检测过程的规范性		能根据检测步骤进行检测				20	

评价项目	评价标准	分值	得分
工作态度	工作态度端正，无缺勤、迟到、早退现象	15	
工作质量	能按计划时间完成工作任务	15	
协调能力	与小组成员、同学之间能合作交流、协调工作	10	
职业素质	能做到安全生产、爱护公物、工完场清	10	
创新意识	能对检测过程进行合理的小结，并对检测过程中水泥的变化进行分析	10	
合　计		100	

（2）学生以小组为单位，对以上学习任务的过程和结果进行互评，将互评结果填入表 2-18 中。

表 2-18　学生互评表

学习任务	水泥体积安定性的检测		
评价项目	评价标准	分值	得分
计划的合理性	是否能合理地编排检测计划	10	
检测的准确性	检测过程是否正确	10	
团队合作	是否具有良好的合作意识	20	
组织有序	组员之间配合是否默契	15	
工作质量	检测质量良好与否	15	
工作效率	工作效率是否符合要求	10	
工作规范	是否按照检测规范进行检测，安全操作，工完场清	10	
成果展示	能否将检测成果进行拍照并在全班展示，分析检测过程中的得失	10	
合　计		100	

（3）教师对学生工作过程和工作结果进行评价，并将评价结果填入表 2-19 中。

表 2-19　教师综合评价表

班级		姓名		学号		组别	
学习任务	水泥体积安定性的检测						
评价项目	评价标准					分值	得分
考勤	无迟到、早退、旷课现象					10	

续表

评价项目	评价标准	分值	得分
工作过程	态度认真,工作积极主动	10	
	安全意识,规范意识	10	
	仪器调试、检测规范,操作无误	10	
	工完场清的职业精神	10	
	组员间协作与配合、沟通表达,团队意识	10	
项目成果	数据分析准确,检测项目完整	40	
合　计		100	

9. 学习任务相关知识点

水泥体积安定性是指水泥在凝结硬化过程中体积变化是否均匀。如果水泥在硬化过程中产生不均匀的体积变化,即安定性不良。使用安定性不良的水泥,水泥制品表面将鼓包、起层、产生膨胀性的龟裂等,强度降低,甚至引起严重的工程质量事故。

水泥体积安定性不良是由于熟料中含有过多的游离氧化钙、游离氧化镁或掺入的石膏过量等原因所造成的。

熟料中所含的游离 CaO 和 MgO 均属过烧,水化速度很慢,在已硬化的水泥石中继续与水反应,体积膨胀,引起不均匀的体积变化,在水泥石中产生膨胀应力,降低了水泥石强度,造成水泥石龟裂、弯曲、崩溃等现象。其反应式为

$$CaO + H_2O \underline{\quad\quad} Ca(OH)_2$$

$$MgO + H_2O \underline{\quad\quad} Mg(OH)_2$$

若水泥生产中掺入的石膏过多,在水泥硬化以后,石膏还会继续与水化铝酸钙起反应,生成水化硫铝酸钙,体积约增大 1.5 倍,同样引起水泥石开裂。

国家标准规定用沸煮法来检验水泥的体积安定性。测试方法为雷氏夹法,也可以用试饼法检验。在有争议时以雷氏夹法为准。试饼法是用标准稠度的水泥净浆做成试饼,经恒沸 3h 以后,用肉眼观察未发现裂纹,用直尺检查没有弯曲,则安定性合格;反之,为不合格。雷氏夹法是通过测定雷氏夹中的水泥浆经沸煮 3h 后的膨胀值来判断的,当两个试件煮后增加距离 $C—A$ 的平均值不大于 5.0mm 时,即安定性合格,当两个试件的 $C—A$ 值相差超过 5.0mm 时,应用同一样品立即重做一次试验。再如此,则认为该水泥安定性不合格。

沸煮法起加速氧化钙水化的作用,所以只能检验游离的 CaO 过多引起的水泥体积安定性不良。

游离 MgO 的水化作用比游离 CaO 更加缓慢,必须用压蒸方法才能检验出它是否有危害作用。石膏的危害则需长期浸在常温水中才能发现。

MgO 和石膏的危害作用不便于快速检验,因此国家标准规定,水泥出厂时,硅酸盐水泥中 MgO 的含量不得超过 6.0%。硅酸盐水泥中 SO_3 的含量不得超过 3.5%。

试验 2.3　水泥体积安定性的检测

1. 试验目的

按《水泥标准稠度用水量、凝结时间、安定性检验方法》(GB/T 1346—2011)，检验游离 CaO 危害性的测定方法是沸煮法，沸煮法又可以分为试饼法和雷氏法，有争议时以雷氏法为准。试饼法是观察试饼沸煮后的外形变化。雷氏法是测定装有水泥净浆的雷氏夹沸煮后的膨胀值。

2. 主要仪器设备

沸煮箱（箅板与箱底受热部位的距离不得小于 20mm）、雷氏夹（图 2-3）、雷氏夹膨胀值测量仪（图 2-4）、净浆搅拌机、标准养护箱、直尺、小刀等。

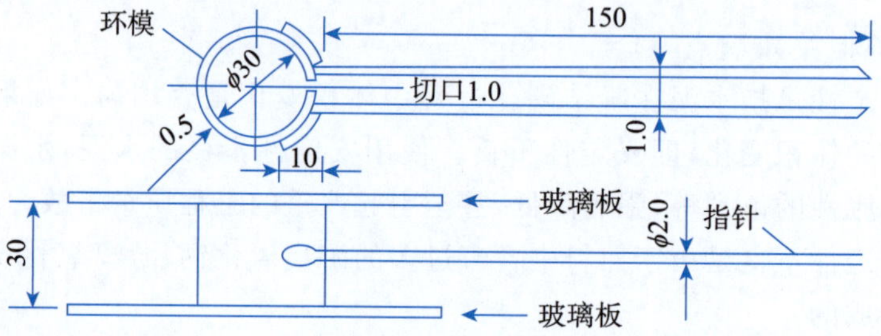

图 2-3　雷氏夹

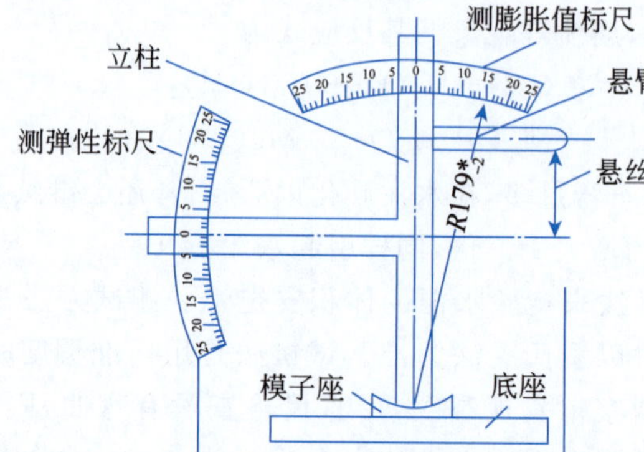

图 2-4　雷氏夹膨胀测量仪（mm）

3. 试饼法试验步骤与结果评定

（1）从拌制好的标准稠度净浆中取出约 150g，分成两等份，使之呈球形，放在涂少许机油的玻璃板上，轻轻振动玻璃板，使水泥浆球扩展成试饼。

（2）用湿布擦过的小刀，从试饼的四周边缘向中心轻抹，做成直径为 70～80mm、中心厚约 10mm、边缘渐薄、表面光滑的试饼，连同玻璃板放入标准养护箱内养护(24±2)h。

（3）将养护好的试饼从玻璃板上取下，首先检查试饼是否完整，如已龟裂、翘曲，甚至崩溃等，要检查原因，确证无外因时，该试饼已属安定性不合格（不必沸煮）。在试饼无缺陷的情况下,将试饼放在沸煮箱内水中的篦板上,然后在(30±5)min 内加热至沸,并恒沸 3h±5min。

(4)煮毕,将热水放掉,打开箱盖,使箱体冷却至室温。取出试饼进行检查,如试饼未发现裂缝,用钢直尺检查也未发生弯曲的试饼为安定性合格;否则为不合格。当两个试饼的判断结果有矛盾时,该水泥的安定性为不合格。

4. 雷氏夹法检测步骤与结果评定

(1)每个雷氏夹配备质量为 75~80g 玻璃板 2 块,一垫一盖,每组成型 2 个试件。先将雷氏夹与玻璃板表面涂一薄层机油。

(2)将制备好的标准稠度的水泥净浆装满雷氏夹圆模,并轻扶雷氏夹,用小刀插捣15次左右后抹平,并盖上涂油的玻璃板。随即将成型好的试模移至养护箱内,养护(24±2)h。

(3)除去玻璃板,测雷氏夹指针尖端间的距离 A,精确至 0.5mm,接着将试件放在沸煮箱内水中的篦板上,指针朝上,然后在(30±5)min 内加热至沸腾,并恒沸 3h±5min。

(4)取出煮沸后冷却至室温的雷氏夹试件,用膨胀值测定仪测量试件指针尖端的距离 C,精确至 0.5mm,计算雷氏夹膨胀值 $C-A$。当两个试件煮后膨胀值 $C-A$ 的平均值不大于 5.0mm 时,即认为该水泥安全性合格。当两个试件的 $C-A$ 值相差超过 5.0mm 时,应用同一品种水泥重做一次试验。

任务 2.4　水泥胶砂强度的检测

1. 任务描述

某建筑公司购进一批 300t 强度等级为 42.5 的袋装普通水泥,公司与厂家商定以抽取实物试件的检验结果为验收依据,现水泥已运至施工现场。请同学以施工现场材料员的身份进行该水泥质量验收及合格判定。

根据《水泥强度检验方法》(GB/T 1346—2011)中的有关规定,测定水泥的强度,以检验水泥是否满足国家标准要求。

2. 学习目标

(1)能掌握检测仪器和设备的使用方法。

(2)能根据标准及时准确地检验水泥的强度。

(3)能根据标准判定水泥的检测结果。

3. 任务准备

(1)进入实验室后,先查看室内试验环境是否满足试验要求[温度(20±2)℃,湿度≥50%],不满足要求时,进行温湿度控制,温度可用空调进行恒温控制,湿度可开加湿器控制,保持在 50% 以上。

(2)仪器准备:选取并检查所用仪器设备。

仪器:行星式水泥胶砂搅拌机、水泥胶砂试体振实台、胶砂试模、金属刮平尺、水泥抗折抗压强度试验机。

4. 任务分组

根据任务分组情况，完成表2-20。

表2-20 任务分组表

班级		组号		
组长		学号		
组员	学号	姓名	学号	姓名
任务分工				

5. 任务实施（理论测试）

引导问题1：水泥的强度应采用＿＿＿＿＿＿＿＿来测定。

引导问题2：用胶砂法测定水泥的强度，是将水泥和标准砂按＿＿＿＿＿＿＿＿来混合。

引导问题3：根据测定的结果，将硅酸盐水泥分为＿＿＿＿＿＿、＿＿＿＿＿＿、＿＿＿＿＿＿、＿＿＿＿＿＿、＿＿＿＿＿＿、62.5R 六个强度等级，其中带 R 的为＿＿＿＿＿水泥。

引导问题4：胶砂成型 3 条试件的材料用量：水泥：＿＿＿＿＿＿＿＿g；中国 ISO 标准砂：＿＿＿＿＿＿g；拌合水：＿＿＿＿＿＿＿＿mL。

引导问题5：水泥的强度检测时，试件在标准条件下养护至＿＿＿＿＿＿d 和＿＿＿＿＿d，测定两个龄期的抗折强度和抗压强度。

6. 任务实施（技能操作）

根据任务要求，完成表2-21。

表 2-21 水泥胶砂强度的检测

姓名		班级		学号		成绩	
任务名称		水泥胶砂强度的检测			日期		
天气情况					室内温度		
任务准备		1. 温湿度条件准备： 2. 仪器准备： 3. 材料准备： 4. 安全防护：					
任务计划							
任务实施							
整改措施							

试验小提示

（1）试验前检查所用仪器设备是否符合使用要求。

（2）装配试模时，涂油不能太多或太少。太多，会使成型试体缺棱、缺角、表面气孔多且大，并且在水中养护时由于油膜包裹了试体表面，阻止水泥在水中的进一步水化，从而使水泥强度下降；太少，易渗浆，脱模困难。

（3）在刚成型好的试模上做标记时要做在试体两端，以免影响试体的抗折强度。脱模前编号时，对于两个龄期以上的试体，在编号时应将同一试模中的三条试体分在两个以上龄期内，且同一龄期的三条试体不能标在试模中的同一位置。

（4）脱模时应非常小心，避免损坏试体而影响其强度。

（5）试模在蒸汽养护箱或雾室内养护时，要确保篦板水平，试模不能叠放。

（6）养护水池中的篦子不宜用木制的。试体在水中养护时彼此之间的间隔及试体上表面的水深不得小于5mm，不允许在养护期间全部换水。每个养护池只能养护同一类型的水泥试体。

（7）在进行强度测试时，一定要按照正确的操作程序和要求进行。

7. 水泥胶砂强度检测数据处理

学生进行数据处理，并按要求完成表2-22。

表2-22　水泥胶砂强度检测数据处理

	水泥品种		水泥生产日期	
	水泥强度等级		混合材料品种与掺量	
	养护龄期/d			
	项　目	抗折强度/MPa		抗压强度/MPa	
试验数据记录		自然条件	标准条件	自然条件	标准条件
	试验结果				
结果评定					

8. 评价反馈

学生进行自评,评价是否能完水泥胶砂强度的学习、是否能完成水泥强度的检测和按时完成报告内容等实训成果资料、有无任务遗漏。老师对学生进行的评价内容包括:报告书写是否工整规范,报告内容数据是否出自实训、是否真实合理、阐述是否详细、认识体会是否深刻,试验结果分析是否合理,是否起到了实训的作用。

(1)学生进行自我评价,并将结果填入表 2-23 中。

表 2-23 学生自评表

班级		姓名		学号		组别	
学习任务		水泥胶砂强度的检测					
评价项目		评价标准			分值		得分
检测仪器的选取		能正确选用仪器,安全操作仪器			10		
水泥型号的读取		能准确读取水泥的型号			10		
检测过程的规范性		能根据检测步骤进行检测			20		
工作态度		工作态度端正,无缺勤、迟到、早退现象			15		
工作质量		能按计划时间完成工作任务			15		
协调能力		与小组成员、同学之间能合作交流、协调工作			10		
职业素质		能做到安全生产、爱护公物、工完场清			10		
创新意识		能对检测过程进行合理的小结,并对检测过程中水泥的变化进行分析			10		
合 计					100		

(2)学生以小组为单位,对以上学习任务的过程和结果进行互评,将互评结果填入表 2-24中。

表 2-24 学生互评表

学习任务		水泥胶砂强度的检测				
评价项目		评价标准			分值	得分
计划的合理性		是否能合理地编排检测计划			10	
检测的准确性		检测过程是否正确			10	
团队合作		是否具有良好的合作意识			20	
组织有序		组员之间配合是否默契			15	
工作质量		检测质量良好与否			15	
工作效率		工作效率是否符合要求			10	
工作规范		是否按照检测规范进行检测,安全操作,工完场清			10	

续表

评 价 项 目	评 价 标 准	分值	得分
成果展示	能否将检测成果进行拍照并在全班展示，分析检测过程中的得失	10	
合　计		100	

（3）教师对学生工作过程和工作结果进行评价，并将评价结果填入表2-25中。

表 2-25　教师综合评价表

班级		姓名		学号		组别	
学习任务		水泥胶砂强度的检测					
评价项目		评价标准			分值		得分
考勤		无迟到、早退、旷课现象			10		
工作过程		态度认真，工作积极主动			10		
		安全意识，规范意识			10		
		仪器调试、检测规范，操作无误			10		
		工完场清的职业精神			10		
		组员间协作与配合、沟通表达，团队意识			10		
项目成果		数据分析准确，检测项目完整			40		
合　计					100		

9. 学习任务相关知识点

水泥的强度主要取决于水泥熟料矿物组成和相对含量以及水泥的细度，另外还与用水量、试验方法、养护条件、养护时间有关。

水泥强度一般是指水泥胶砂试件单位面积上所能承受的最大外力，根据外力作用方式的不同，水泥的强度分为抗压强度、抗折强度、抗拉强度等。这些强度之间既有内在的联系，又有很大的区别。水泥的抗压强度最高，一般是抗拉强度的 8～20 倍，实际建筑结构中主要是利用水泥的抗压强度。

国家强制标准《水泥胶砂强度检验方法（ISO 法）》（GB 17671—2021）规定：水泥的强度用胶砂试件检验。将水泥和中国 ISO 标准砂按 1∶3 的比例，水灰比为 0.5，以规定的方法搅拌制成标准试件（尺寸为 40mm×40mm×160mm），在标准条件下养护至 3d 和 28d，测定两个龄期的抗折强度和抗压强度。根据测定的结果，将硅酸盐水泥分为 42.5、42.5R、52.5、52.5R、62.5、62.5R 六个强度等级，其中带 R 的为早强型水泥。各强度等级的硅酸盐水泥各龄期的强度不得低于表 2-26 中的数值。

表 2-26　各强度等级的硅酸盐水泥各龄期的强度值

强度等级	抗压强度/MPa		抗折强度/MPa	
	3d	28d	3d	28d
32.5	≥12.0	≥32.5	≥3.0	≥5.5
32.5R	≥17.0		≥4.0	
42.5	≥17.0	≥42.5	≥4.0	≥6.5
42.5R	≥22.0		≥4.5	
52.5	≥22.0	≥52.5	≥4.5	≥7.0
52.5R	≥27.0		≥5.0	
62.5	≥27.0	≥62.5	≥5.0	≥8.0
62.5R	≥32.0		≥5.5	

试验 2.4　水泥胶砂强度试验

1. 试验目的

本试验依据《水泥胶砂强度检检验方法（ISO 法）》（GB/T 17671—2021），测定水泥胶砂硬化到一定龄期后的抗压、抗折强度的大小，是确定水泥强度等级的依据。

2. 主要仪器设备

（1）水泥胶砂搅拌机：符合《行星式水泥胶砂搅拌机》（JC/T 681—2005）的规定，其搅拌叶片既绕自身轴线作顺时针自转，又沿搅拌锅周边作逆时针公转，如图 2-5 所示。

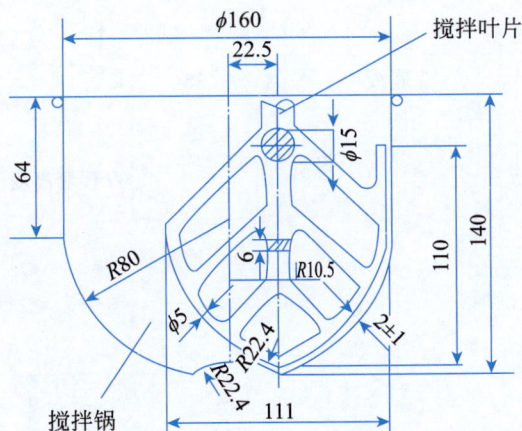

图 2-5　水泥胶砂搅拌机

（2）水泥胶砂试体振实台：由可以跳动的台盘和使其跳动的凸轮等组成，如图 2-6 所示。振实台的振幅为（15±0.3）mm，振动频率为 1 次/s。

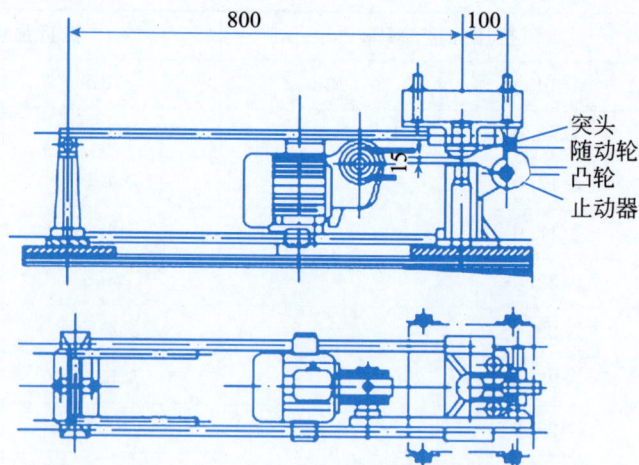

图 2-6　水泥胶砂试体成型振实台

（3）胶砂振动台：是胶砂振实台的代用设备，振动台的全波振幅为(0.75±0.02)mm，振动频率为 2800～3000 次/min。

（4）胶砂试模：是可装拆的三联模（图 2-7），模内腔尺寸为 40mm × 40mm × 160mm，附有下料漏斗或播料器，播料器有大播料器和小播料器两种，如图 2-8 所示。

（5）金属刮平尺：用于刮平试模里的砂浆表面，外形和尺寸如图 2-9 所示。

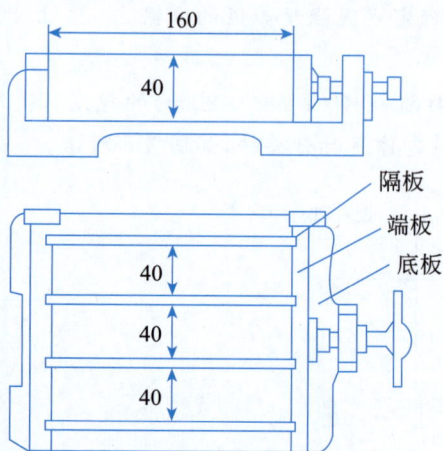

图 2-7　水泥标准试模

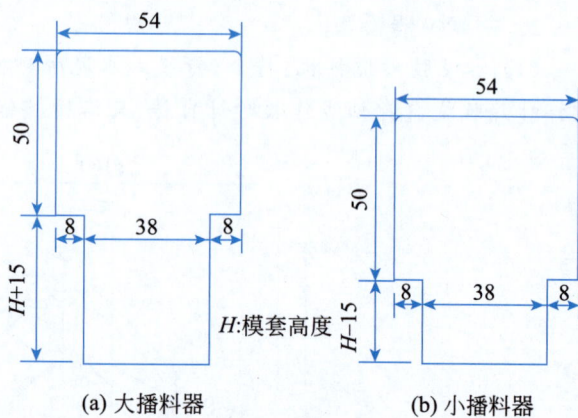

(a) 大播料器　　　(b) 小播料器

H:模套高度

图 2-8　播料器

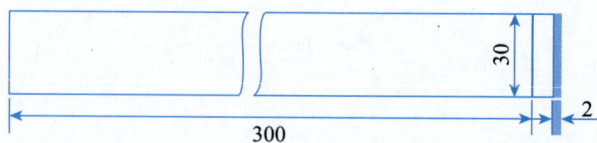

图 2-9　金属刮平尺

（6）抗折强度试验机：应符合《水泥胶砂电动抗折试验机》（JC/T 724—2005）的要求。试件在夹具中的受力状态见图2-10。

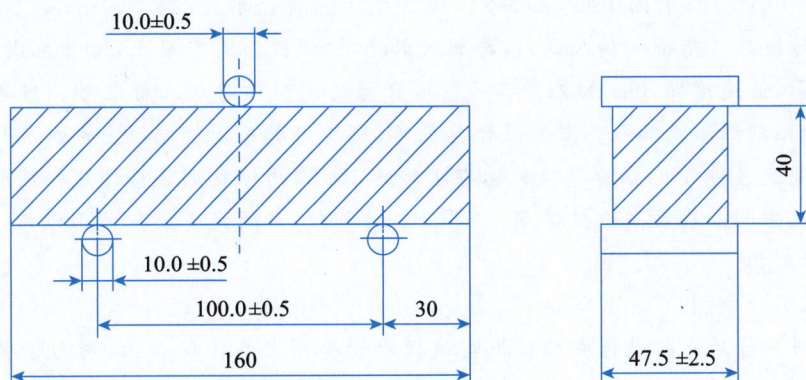

图 2-10 抗折强度测定加荷（单位：m）

（7）抗压强度试验机：在较大的五分之四量程内使用时记录的荷载有±1%精度，并具有按（2400±200）N/s速率的加荷能力。

（8）抗压强度试验机用夹具：需要使用夹具时，应把它放在压力试验机的上下压板之间并与试验机处于同一轴线，以便将压力机的荷载传递至胶砂试件的表面。典型的抗压夹具见图2-11。应符合《40mm×40mm 水泥抗压夹具》（JC/T 683—2005）的要求，受压面积为 40mm×40mm。

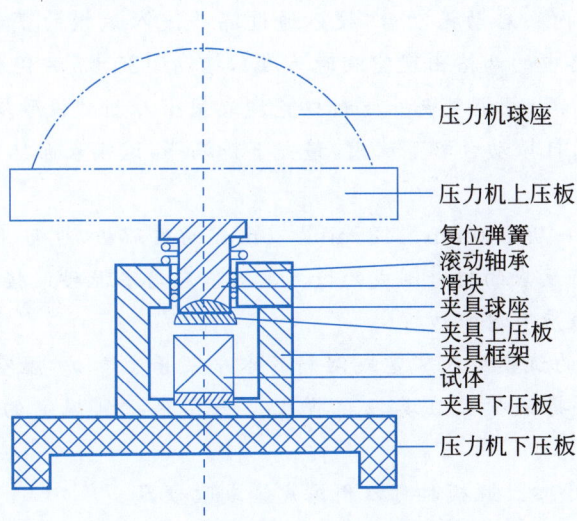

图 2-11 典型的抗压强度测试用夹具

3. 试件制备

（1）试验前，将试模擦净，模板四周与底座的接触面上应涂黄油，紧密装配，防止漏浆。内壁均匀刷一薄层机油。搅拌锅、叶片和下料漏斗（播料器）等用湿布擦干净（更换水泥品种时，必须用湿布擦干净）。

（2）标准砂应符合中国 ISO 标准砂的质量要求。试验采用的灰砂比为 1∶3，水灰比为 0.5。一锅胶砂成型 3 条试件的材料用量如下。

水泥：（450±2）g；中国 ISO 标准砂：（1350±5）g；拌合水：（225±1）mL。

（3）胶砂搅拌。先将水加入锅内，再加入水泥，把锅放在固定架上，上升至固定位置。立即开动机器，低速搅拌 30s 后，在第二个 30s 开始的同时均匀加入标准砂。当各级标准砂分装时，由粗到细依次加入。当为混合包装时，应均匀加入。标准砂全部加完（30s）后，把机器转至高速再拌 30s，接着停拌 90s，在刚停的 15s 内用橡皮刮具将叶片和锅壁上的胶砂刮至拌合锅中间。最后高速搅拌 60s。各个搅拌阶段，时间误差应在 ±1s 以内。

4. 试件成型

1）用振实台成型

（1）胶砂制备后立即进行成型。把空试模和模套固定在振实台上，用勺子将胶砂分两层装入试模。装第一层时，每个槽内约放 300g 胶砂，用大播料器垂直加在模套顶部，沿每个模槽来回一次将料层播平，接着振实 60 次；再装入第二层胶砂，用小播料器播平，再振实 60 次。

（2）振实完毕，移走模套，取下试模，用刮平直尺以近似 90° 的角度，架在试模的一端，沿试模长度方向，以横向锯割动作向另一端移动，一次刮去高出试模多余的胶砂。最后用同一刮尺以近乎水平的角度，将试模表面抹平。

2）用振动台成型

（1）将试模和下料漏斗卡紧在振动台的中心。胶砂制备后立即将拌好的全部胶砂均匀地装入下料漏斗内。启动振动台，胶砂通过漏斗流入试模的下料时间为 20～40s（下料时间以漏斗三格中的两格出现空洞时为准），振动（120±5）s 停机。

下料时间如大于 40s 须调整漏斗下料口宽度或用小刀划动胶砂以加速下料。

（2）振动完毕后，自振动台取下试模，移去下料漏斗，试模表面抹平。

5. 试件养护

（1）在试模上盖一块 210mm×185mm×6mm 的玻璃板，也可用相似尺寸的钢板或不渗水、和水泥没有反应的材料制成的板。盖板不应与水泥砂浆接触。

为了安全，玻璃板应有磨口边。

立即将做好标记的试模放入雾室或湿箱的水平架子上养护，湿空气应能与试模各边接触。养护时不应将试模放在其他试模上。一直养护到规定的脱模时间时取出脱模。

（2）脱模应非常小心。脱模时可以用橡皮锤或脱模器。

对于 24h 龄期以内的，应在成型试验前 20min 内脱模。对于 24h 龄期以上的，应在成型后 20～24h 脱模。

如经 24h 养护，会因脱模对强度造成损害时，可以延迟至 24h 以后脱模，但在试验报告中应予说明。

已确定作为 24h 龄期试验（或其他不下水直接做试验）的已脱模试体，应用湿布覆盖至做试验时为止。

对于胶砂搅拌或振实台操作,或胶砂含气量试验的对比,建议称量每个模型中试体的总量。

(3) 将做好标记的试件立即水平或竖直放在(20±1)℃水中养护,水平放置时刮平面应朝上。

试件放在不易腐烂的篦子上,彼此间保持一定间距,以让水与试件的六个面接触。养护期间试件之间间隔或试体上表面的水深不得小于5mm。

每个养护池只养护同类型的水泥试件。先用自来水装满养护池(或容器),随后随时加水保持适当的恒定水位。在养护期间,可以更换不超过50%的水。

应安装装置确保养护室的温度均匀。如果在养护室安装了循环系统,风速应尽可能小,避免形成涡流。

除24h龄期或延迟至48h脱模的试体外,任何到龄期的试体应在试验(破型)前15min从水中取出。揩去试体表面沉积物,并用湿布覆盖至试验为止。

(4) 试件龄期是从水泥加水搅拌开始时算起,至强度测定所经历的时间。不同龄期的试件,必须相应地在24h±15min、48h±30min、72h±45min、7d±2h、大于28d±8h的时间内进行强度试验。到龄期的试件应在强度试验前15min从水中取出,揩去试件表面沉积物,并用湿布覆盖至试验开始。

6. 强度检测步骤与结果计算

1) 水泥抗折强度检测

(1) 将试体一个侧面放在试验机支撑圆柱上,试体长轴垂直于支撑圆柱,通过加荷圆柱以(50±10)N/s的速率均匀地将荷载垂直地加在棱柱体相对侧面上,直至折断。

(2) 保持两个半截棱柱体处于潮湿状态直至抗压试验。

(3) 抗折强度R_f,以MPa为单位,按式(2-1)进行计算:

$$R_f = \frac{1.5F_f L}{b^3} \tag{2-1}$$

式中:F_f——折断时施加于棱柱体中部的荷载,N;

L——支撑圆柱之间的距离,mm;

b——棱柱体正方形截面的边长,mm。

(4) 试验结果。以一组三个棱柱体抗折结果的平均值作为试验结果。当三个强度值中有一个超出平均值的±10%时,应剔除后再取平均值作为抗折强度试验结果;当三个强度值中有两个超出平均值±10%时,则以剩余一个作为抗折强度结果。

2) 抗压强度测定

(1) 立即在抗折后的6个断块(应保持潮湿状态)的侧面上进行抗压试验。在半截棱柱体的侧面上进行。半截棱柱体中心与压力机压板受压中心差应在±0.5mm内,棱柱体露在压板外的部分约有10mm。

（2）在整个加荷过程中以(2400±200)N/s的速率均匀地加荷直至破坏。

（3）抗压强度 R_c 以 MPa 为单位，按式(2-2)进行计算：

$$R_c = \frac{F_c}{A} \tag{2-2}$$

式中：F_c——破坏时的最大荷载，N；

A ——受压部分面积，mm^2（40mm×40mm＝1600mm^2）。

（4）试验结果。以一组三个棱柱体上得到的六个抗压强度测定值的算术平均值为试验结果。如六个测定值中有一个超出六个平均值的＋10%，剔除这个结果，再以剩下五个的平均数为结果。如果五个测定值中再有超过它们平均数±10%的，则此组结果作废。

根据上述方法测得的抗折、抗压强度的试验结果，按相应的水泥标准确定其水泥强度等级。

项目 3 混凝土用骨料的性能检测

项目描述

普通混凝土是由水泥、水、砂和石四种基本材料组成。水泥和水形成水泥浆包裹在砂粒表面并填充砂粒间的空隙形成水泥砂浆,水泥砂浆又包裹在石子表面并填充石子间的空隙。在混凝土硬化前,水泥浆起润滑作用,赋予混凝土拌合物一定的流动性,便于施工。硬化后,则将骨料胶结成一个坚实的整体,使其具有良好的强度和耐久性。砂、石在混凝土中起骨料作用,混凝土中骨料的体积约占混凝土总体积的70%,骨料的质量对混凝土性能具有十分重要的影响。顾名思义,骨料就是作为混凝土骨架的材料,呈颗粒状态,一部分来自天然的卵石、河砂,另一部分来自机制砂石。骨料形成的骨架除了承载应力外,还可抑制混凝土的收缩,防止开裂,减少水泥用量,提高混凝土的强度及耐久性。混凝土的技术性质很大程度上由原材料性质及相对含量决定,因此了解原材料性质及要求,合理选择原材料,才能保证混凝土的质量。

项目内容

本项目的主要内容包括检测砂的颗粒级配和粗细程度、堆积密度、含水率性能及检测。检测碎石、卵石的颗粒级配、含水率性能及检测。通过本项目的训练,学生可达到如下知识目标、能力目标和素养要求。

知识目标

(1) 理解砂、石在混凝土中所起的作用。

(2) 掌握砂、石颗粒级配的含义及在工程上的应用。

(3) 掌握砂细度模数的含义及在工程上的应用。

(4) 掌握砂、石的取样方法。

(5) 掌握数据处理方法和数据修约规则。

能力目标

(1) 能够通过书刊、网络等途径查阅所需资料并进行分析整理。

(2) 能够合理选择砂、石物理性能检验方法。

(3) 能够根据国家标准、行业标准和企业管理制度制定经济、科学的砂、石物理性能检验方案。

(4) 能够根据试验需要合理取样。

（5）能够正确使用干燥箱、标准筛、电子天平等。

（6）能够准确检验砂、石的物理性能。

（7）能够及时、正确处理数据并填写原始记录、台账。

（8）能够根据试验结果，判断砂、石的性能是否符合国家标准，从而进一步判断砂、石在工程上的用途。

（9）能查阅、分析、选择、整理相关资料。

（10）能与团队成员团结合作、能自我学习。

素养要求

（1）具备吃苦耐劳精神，不怕脏、不怕累。

（2）具备诚信素质，实事求是地填写原始记录、台账。

（3）具备安全生产意识，安全使用试验仪器。

（4）具备良好的卫生习惯，保持实验室的清洁和整齐。

任务 3.1　砂的颗粒级配和细度模数的检测

1. 任务描述

学生在拌制混凝土时，砂的颗粒级配和粗细程度应同时考虑，当砂中含有较多的粗颗粒时，可以用适量的中颗粒及少量的细颗粒填充其空隙，则可达到孔隙率及总表面积均较小，这样不仅水泥用量少，而且可以提高混凝土的密实度与强度。

根据《建设用砂》(GB/T 14684—2011)中的有关规定，学生通过测定砂的颗粒级配和粗细程度来评定砂的质量，对混凝土工程有着很大的经济意义。

2. 学习目标

（1）能掌握检测仪器和设备的使用方法。

（2）能掌握砂的颗粒级配和细度模数的检测。

（3）能准确判定砂的粗细程度和颗粒级配。

3. 任务准备

（1）学生进入实验室后先查看室内试验环境是否满足试验要求[温度(20±2)℃，湿度≥50%]，不满足要求时，进行温湿度控制，温度可用空调进行恒温控制，湿度可开加湿器控制，保持在50%以上。

（2）仪器准备。

① 天平：称量1kg，感量1g。

② 方孔筛：砂料标准筛一套，孔径为 4.75mm、2.36mm、1.18mm、0.63mm、0.315mm、0.16mm，以及底盘和盖。

③ 摇筛机。

④ 烘箱：能控制温度在(105±5)℃。

⑤ 搪瓷盘、毛刷等。

（3）材料准备。

人工四分法缩分。学生将所取每组样品置于平板上，在潮湿状态下拌合均匀。并堆成厚度约为 20mm 的"圆饼"。然后沿互相垂直的两条直径把"圆饼"分成大致相等的四份，取其对角的两份重新拌匀，再堆成"圆饼"。重复上述过程，直至把样品缩分到试验所需量 500g。

4. 任务分组

学生根据任务分组情况，完成表 3-1。

表 3-1　任务分组表

班级		组号		
组长		学号		
	学号	姓名	学号	姓名
组员				
任务分工				

5. 任务实施（理论测试）

引导问题 1：普通混凝土用砂的颗粒级配按＿＿＿＿＿＿mm 筛的累计筛余率分为三个级配区；按＿＿＿＿＿＿的大小分为＿＿＿＿＿、＿＿＿＿＿和细砂。

引导问题 2：砂子的筛分曲线表示砂子的＿＿＿＿＿，细度模数表示砂子的＿＿＿＿＿，配制混凝土用砂，应同时考虑＿＿＿＿＿和＿＿＿＿＿的要求。

引导问题 3：集料中砂与石子的界限是（　　）mm。

A. 5　　　　　　　B. 10　　　　　　　C. 0.075　　　　　　D. 16

引导问题 4：级配良好的砂，它的（　　）。

A. 空隙率小，堆积密度大　　　　　　B. 空隙率大，堆积密度较小

引导问题5：砂的筛分析试验可以检测的指标是（　　）。

A. 级配　　　　　　　B. 有害物质含量　　C. 压碎指标值　　　　　D. 比表面积

6. 任务实施（技能操作）

根据任务要求完成表3-2。

表 3-2　砂的颗粒级配和细度模数的检测

姓名		班级		学号		成绩	
任务名称		砂的颗粒级配和细度模数的检测			日期		
天气情况					室内温度		
任务准备		1. 温湿度条件准备：					
		2. 仪器准备：					
		3. 材料准备：					
		4. 安全防护：					
任务计划							
任务实施							
整改措施							

试验小提示

（1）试验前应检查筛面是否干燥、完好，清理筛孔内堵塞的砂粒。

（2）试验时应先筛除大于 9.50mm 的颗粒，再缩分试样。

（3）取下套筛，按筛孔大小顺序逐个用手筛，应尽量避免砂粒损失。

（4）称量筛余物质量时，应尽量把留在筛上的砂粒清理干净。

7. 砂的颗粒级配和细度模数数据处理

学生操作结束后按要求完成表 3-3。

表 3-3　砂的颗粒级配和细度模数数据处理

材料品种	试验用量/g	试验条件			
		室温/℃		湿度/%	
试验数据记录	筛孔直径/mm	筛余物质量/g		分计筛余百分率/%		累计筛余百分率/%	
		1	2	1	2	1	2
	4.75						
	2.36						
	1.18						
	0.6						
	0.3						
	0.15						
	筛底						
	筛分后的各筛余物总量/g		—				
结果评定	细度模数		—				
	颗粒级配		—				

8. 评价反馈

学生进行自评，评价是否能完成砂的颗粒级配和细度模数的学习、是否能完成砂的颗粒级配和细度模数的检测和按时完成报告内容等实训成果资料、有无任务遗漏。老师对学生进行的评价内容包括：报告书写是否工整规范，报告内容数据是否出自实训、是否真实合理、阐述是否详细、认识体会是否深刻，试验结果分析是否合理，是否起到了实训的作用。

（1）学生进行自我评价，并将结果填入表 3-4 中。

表 3-4　学生自评表

班级		姓名		学号		组别	
学习任务		砂的颗粒级配和细度模数的检测					
评价项目		评价标准				分值	得分
检测仪器的选取		能正确选用仪器，安全操作仪器				10	
砂的取样方法		能用四分法正确取样				10	
检测过程的规范性		能根据检测步骤进行检测				20	
工作态度		工作态度端正，无缺勤、迟到、早退现象				15	
工作质量		能按计划时间完成工作任务				15	
协调能力		与小组成员、同学之间能合作交流、协调工作				10	
职业素质		能做到安全生产、爱护公物、工完场清				10	
创新意识		能对检测过程进行合理的小结，并对检测过程中水泥的变化进行分析				10	
合　计						100	

（2）学生以小组为单位，对以上学习任务的过程和结果进行互评，将互评结果填入表 3-5 中。

表 3-5　学生互评表

学习任务		砂的颗粒级配和细度模数的检测					
评价项目		评价标准				分值	得分
计划的合理性		是否能合理地编排检测计划				10	
检测的准确性		检测过程是否正确				10	
团队合作		是否具有良好的合作意识				20	
组织有序		组员之间配合是否默契				15	
工作质量		检测质量良好与否				15	
工作效率		工作效率是否符合要求				10	
工作规范		是否按照检测规范进行检测，安全操作，工完场清				10	
成果展示		能否将检测成果进行拍照并在全班展示，分析检测过程中的得失				10	
合　计						100	

（3）教师对学生工作过程和工作结果进行评价，并将评价结果填入表 3-6 中。

表 3-6　教师综合评价表

班级		姓名		学号		组别	
学习任务		砂的颗粒级配和细度模数的检验					
评价项目		评价标准				分值	得分
考勤		无迟到、早退、旷课现象				10	
工作过程		态度认真，工作积极主动				10	
		安全意识，规范意识				10	
		仪器调试、检测规范，操作无误				10	
		工完场清的职业精神				10	
		组员间协作与配合、沟通表达，团队意识				10	
项目成果		数据分析准确，检测项目完整				40	
合　计						100	

9. 学习任务相关知识点

砂的粗细程度是指不同粒径的砂粒混合后总体的粗细程度。通常有粗砂、中砂与细砂之分。用细度模数（M_x）表示，其值并不等于平均粒径，但能较准确反映砂的粗细程度。在相同砂用量的条件下，细砂的总表面积大，而粗砂的总表面积小。在混凝土中砂子的表面需要水泥浆包裹，砂子的表面积越大，则需要包裹砂粒表面的水泥浆就越多。一般用粗砂拌制的混凝土比用细砂所需的水泥浆少。

砂的颗粒级配表示大小颗粒粒径的砂混合后的搭配情况。良好的级配是指粗颗粒的空隙恰好由中颗粒填充，中颗粒的空隙恰好由细颗粒填充，如此逐级填充，如图 3-1 所示。在混凝土中砂粒之间的空隙是由水泥浆所填充，为达到节约水泥和提高混凝土强度的目的，应尽量减少砂粒之间的空隙。对砂子颗粒及级配的要求是小颗粒恰好填满中颗粒间的空隙，中颗粒恰好填满大颗粒间的空隙，使得空隙率小，总表面积也小，以提高混凝土的密实度。混凝土密实度高，强度也高，而且可节约水泥浆用量。

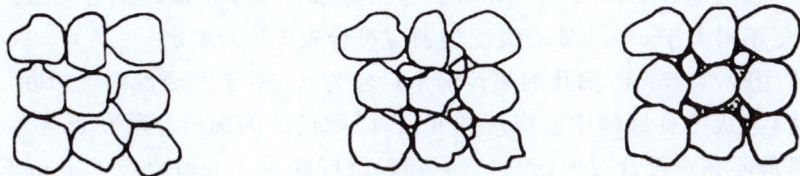

图 3-1　砂颗粒级配

在拌制混凝土时，砂的颗粒级配和粗细程度应同时考虑。当砂中含有较多的粗颗粒，并以适量的中颗粒及少量的细颗粒填充其空隙，可达到空隙率及总表面积均较小，这是比较理想的，不仅水泥用量少，而且可以提高混凝土的密实性与强度。可见控制砂的颗粒级配和粗细程度有很大的技术经济意义，因而它们是评定砂质量的重要指标。

1）细度模数和颗粒级配的测定

砂的颗粒级配和粗细程度常用筛分析的方法进行测定。用级配区表示砂的颗粒级配，用细度模数表示砂的粗细程度。根据《建设用砂》（GB/T 14684—2020），筛分析是用一套孔径为 4.75mm、2.36mm、1.18mm、0.60mm、0.30mm、0.15mm 的标准筛（方孔筛）。将 500g 的干砂试样由粗到细依次过筛，然后称量留在各筛上的筛余量（9.5mm 筛除外），并计算各筛上的分计筛余百分率 a_1、a_2、a_3、a_4、a_5 和 a_6（各筛上的筛余量占砂样总量的百分率）及累计筛余百分率 A_1、A_2、A_3、A_4、A_5 和 A_6（各个筛和比该筛粗的所有分计筛余百分率相加在一起）。累计筛余与分计筛余的关系见表 3-7。

表 3-7　累计筛余与分计筛余的关系

筛孔尺寸/mm	筛余量/g	分计筛余/%	累计筛余/%
4.75	m_1	$a_1 = m_1/m$	$A_1 = a_1$
2.36	m_2	$a_2 = m_2/m$	$A_2 = a_1 + a_2$
1.18	m_3	$a_3 = m_3/m$	$A_3 = a_1 + a_2 + a_3$
0.63	m_4	$a_4 = m_4/m$	$A_4 = a_1 + a_2 + a_3 + a_4$
0.315	m_5	$a_5 = m_5/m$	$A_5 = a_1 + a_2 + a_3 + a_4 + a_5$
0.16	m_6	$a_6 = m_6/m$	$A_6 = a_1 + a_2 + a_3 + a_4 + a_5 + a_6$

根据公式（3-1）计算砂的细度模数 M_x：

$$M_x = \frac{A_2 + A_3 + A_4 + A_5 + A_6 - 5A_1}{100 - A_1} \qquad (3\text{-}1)$$

细度模数 M_x 越大，表示砂越粗，普通混凝土用砂的细度模数范围一般为 0.7～3.7，其中 M_x 在 3.1～3.7 为粗砂，M_x 在 2.3～3.0 为中砂，M_x 在 1.6～2.2 为细砂。

2）对细度模数与颗粒级配的要求

细度模数与颗粒级配是两个不同的概念，细度模数是衡量砂的粗细程度，而颗粒级配是衡量砂的各粒级的组合情况。粗、中、细砂又分成 3 个级配区。砂的颗粒级配应在表 3-8 的任何一个区内，除 4.75mm 及 0.60mm 筛号的筛余百分率不准超出分界线外，其余允许超出，但其总量不得大于 5%。砂的级配类别应符合表 3-9 的规定。

对于砂浆用砂，4.75mm 筛孔的累计筛余量应为 0。对于普通混凝土用砂，级配良好的粗砂应落在Ⅰ区；级配良好的中砂应落在Ⅱ区；级配良好的细砂应落在Ⅲ区。实际使用的砂颗粒级配可能不完全符合要求，砂的实际颗粒级配除 4.75mm 和 0.60mm 筛挡外，可以略有超出，但各级累计筛余超出值总和应不大于 5%。当某一筛挡累计筛余率超界 5% 以上时，说明砂级配很差，视作不合格。

为了更直观地反映砂的级配情况，以累计筛余百分率为纵坐标，筛孔尺寸为横坐标，根据表 3-8 的级配区可绘制Ⅰ、Ⅱ、Ⅲ级配区的筛分曲线（图 3-2）。

表 3-8 砂的颗粒级配区

筛孔尺寸/mm	级配区		
	Ⅰ区	Ⅱ区	Ⅲ区
	累计筛余/%		
4.75	10~0	10~0	10~0
2.36	35~5	25~0	15~0
1.18	65~35	50~10	25~0
0.60	85~71	70~41	40~16
0.30	95~80	92~70	85~55
0.15	100~90	100~90	100~90

表 3-9 级配类别

类别	Ⅰ类	Ⅱ类	Ⅲ类
级配区	Ⅱ区	Ⅰ、Ⅱ、Ⅲ区	

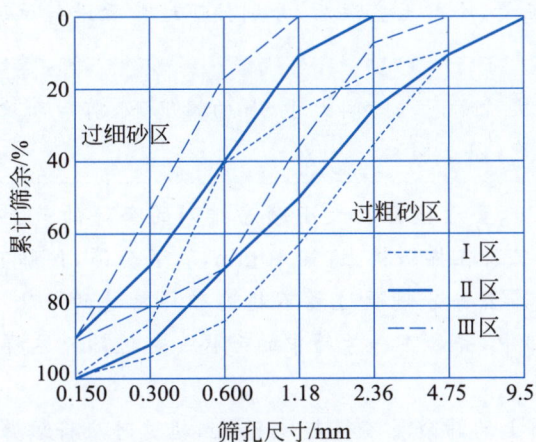

图 3-2 砂级配曲线

3）细度模数和颗粒级配在工程上的意义

在拌制混凝土时，砂的颗粒级配和粗细程度应同时考虑。宜优先选用中砂，Ⅱ区砂。当采用Ⅰ区砂时，由于砂中的粗颗粒相对较多，配制的混凝土拌合物和易性不易控制，应适当提高砂率，并保证足够的水泥用量，以满足混凝土的工作性能；当采用Ⅲ区砂时，由于砂中细颗粒相对较多，配制的混凝土要增加较多的水泥用量，而且强度会显著降低，宜适当降低砂率，以保证混凝土的强度。

在实际工程中当砂颗粒级配不符合表 3-8 的要求时，可采用人工掺配的方法，将粗砂、细砂按适当比例掺和或将砂过筛，筛除过粗或过细的颗粒，经试验证明能确保工程质量，方允许使用。

试验 3.1　砂的颗粒级配和粗细程度试验

1. 试验目的

根据《建设用砂》(GB/T 14684—2011)测定、计算砂的细度模数,评定其粗细程度和颗粒级配。

2. 主要仪器设备

(1) 天平:称量 1kg、感量 1g。

(2) 方孔筛:砂料标准筛一套,孔径为 4.75mm、2.36mm、1.18mm、0.60mm、0.30mm、0.15mm,以及底盘和盖。

(3) 摇筛机。

(4) 烘箱:能控制温度在(105±5)℃。

(5) 搪瓷盘、毛刷等。

3. 检测步骤

(1) 用于颗粒级配试验的砂样,取样前,应先将砂样通过 9.5mm 筛,并算出其筛余百分率。然后取经在潮湿状态充分拌匀、用四分法缩分至每份不少于 550g 的砂样两份,在(105±5)℃下烘至恒量,冷却至室温后,分别按下述步骤进行试验。

> **注意**
>
> 恒量是指相邻两次称量间隔时间大于 3h 的情况下,前后两次称量之差小于该项试验所要求的称量精度(以下同)。

(2) 称取砂样 500g,置于按筛孔大小顺序排列的套筛的最上一只筛(即 4.75mm 筛)上,加盖,将整套筛安装在摇筛机上,摇 10min,取下套筛,按筛孔大小顺序在清洁的搪瓷盘上逐个用手筛,筛至每分钟通过量不超过砂样总量的 0.1%(0.5g)时为止。通过的颗粒并入下一号筛中,并和下一号筛中的砂样一起过筛。这样顺序进行,直至各号筛全部筛完为止。

(3) 砂样在各号筛上的筛余量不得超过 200g,超过时应将该筛余砂样分成两份,再进行筛分,并以两次筛余量之和作为该号筛的筛余量。

(4) 筛完后,将各筛上遗留的砂粒用毛刷轻轻刷净,称出每号筛上的筛余量。

4. 结果处理

(1) 计算分计筛余百分率——各号筛上的筛余量除以砂样总量的百分率(精确 0.1%)。

(2) 计算累计筛余百分率——该号筛上的分计筛余百分率与大于该号筛的各号筛上的分计筛余百分率之总和(精确至 0.1%)。

(3) 细度模数按式(3-2)计算:

$$M_x = \frac{A_2 + A_3 + A_4 + A_5 + A_6 - 5A_1}{100 - A_1} \tag{3-2}$$

式中：M_x——砂的细度模数；

$\quad A_1$、A_2、A_3、A_4、A_5、A_6——分别为 4.75mm、2.36mm、1.18mm、0.63mm、
0.315mm、0.16mm 各筛上的累计筛余百分率。

（4）以两次测值的平均值作为试验结果。如各筛筛余量和底盘中粉砂量的总和与原试样量相差超过试样量的 1‰ 时，或两次测试的细度模数相差超过 0.2 时，应重做试验。

（5）根据各号筛的累计筛余百分率测定值绘制筛分曲线。

任务 3.2 砂的堆积密度的检测

1. 任务描述

砂是混凝土中的重要骨料之一，由检测砂在松散状态下的单位体积的质量——堆积密度，可以计算出砂的空隙率，从而判断砂堆积的紧密程度。只有当骨料达到了紧密堆积，混凝土结构才致密，通过计算砂的空隙率为混凝土混合比设计提供依据。

根据《建设用砂》（GB/T 14684—2011）中的有关规定，测定砂的堆积密度，为混凝土工程提供良好的骨料。

2. 学习目标

（1）能掌握检测仪器和设备的使用方法。

（2）能根据标准及时准确地检验砂的堆积密度。

（3）能根据标准判定砂的检测结果。

3. 任务准备

（1）进入试验室后，先查看室内试验环境是否满足试验要求[温度（20±2）℃，湿度≥50%]，不满足要求时，进行温湿度控制，温度可用空调进行恒温控制，湿度可开加湿器控制，保持在 50% 以上。

（2）仪器准备：选取并检查所用仪器设备。

① 秤：称量 10kg，感量 1g。

② 容量筒：容积为 1L 的金属圆筒。

③ 鼓风烘箱：能控制温度在（105±5）℃。

④ 漏斗：如图 3-3 所示。

⑤ 直尺、浅搪瓷盘等。

图 3-3 漏斗

4. 任务分组

根据任务分组情况，完成表 3-10。

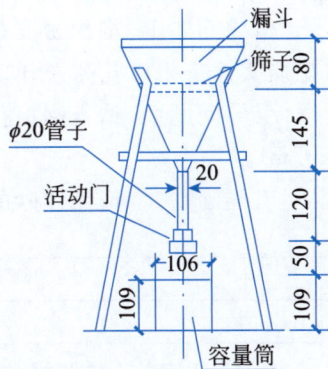

表 3-10 任务分组表

班级		组号	
组长		学号	

续表

	学号	姓名	学号	姓名
组员				
任务分工				

5. 任务实施（理论测试）

引导问题 1：堆积密度是指散粒状或粉末状材料在＿＿＿＿＿＿＿＿状态下单位体积（矿质实体＋闭口孔隙＋开口孔隙＋颗粒间隙的体积）具有的质量。

引导问题 2：请查阅《建设用砂》（GB/T 14684—2011），砂的堆积密度不小于＿＿＿＿kg/m³。

引导问题 3：请简述砂的堆积密度大小的实际工程意义。

_____

_____

6. 任务实施（技能操作）

根据任务要求完成表 3-11。

表 3-11　砂的堆积密度的检测

姓名		班级		学号		成绩	
任务名称		砂的堆积密度的检测			日期		
天气情况					室内温度		

续表

任务准备	1. 温湿度条件准备：
	2. 仪器准备：
	3. 材料准备：
	4. 安全防护：
任务计划	
任务实施	

试验小提示

　　容量筒容积的校正方法为：称取空容量筒和玻璃板的总质量，将自来水装满容量筒，用玻璃板沿筒口推移使其紧贴水面，盖住筒口（玻璃板和水面间不得带有气泡），擦干筒外壁的水，然后称其质量。

7. 砂的堆积密度数据处理

学生操作结束后按要求完成表3-12。

表 3-12　砂的堆积密度数据处理

试件编号	容量筒及砂总质量 m_2/kg	容量筒质量 m_1/kg	容量筒的容积 v_0'/m³	试件的堆积密度 ρ_0'/(kg/m³)
1				
2				
平均值				

8. 评价反馈

学生进行自评，评价自己是否能完成砂的堆积密度的学习、是否能完成砂的堆积密度的检测和按时完成报告内容等实训成果资料、有无任务遗漏。老师对学生进行的评价内容包括：报告书写是否工整规范，报告内容数据是否出自实训、是否真实合理、阐述是否详细、认识体会是否深刻，试验结果分析是否合理，是否起到了实训的作用。

（1）学生进行自我评价，并将结果填入表 3-13 中。

表 3-13　学生自评表

班级		姓名		学号		组别	
学习任务	砂的堆积密度的检测						
评价项目	评价标准				分值	得分	
检测仪器的选取	能正确选用仪器，安全操作仪器				10		
试样的称量	能准确称量空容量筒及砂的质量				10		
检测过程的规范性	能根据检测步骤进行检测				20		
工作态度	工作态度端正，无缺勤、迟到、早退现象				15		
工作质量	能按计划时间完成工作任务				15		
协调能力	与小组成员、同学之间能合作交流、协调工作				10		
职业素质	能做到安全生产、爱护公物、工完场清				10		
创新意识	能对检测过程进行合理的小结，并对检测过程中水泥的变化进行分析				10		
合　计					100		

（2）学生以小组为单位，对以上学习任务的过程和结果进行互评，将互评结果填入表 3-14 中。

表 3-14　学生互评表

学习任务	砂的堆积密度的检测			
评价项目	评价标准		分值	得分
计划的合理性	是否能合理地编排检测计划		10	
检测的准确性	检测过程是否正确		10	

续表

评价项目	评价标准	分值	得分
团队合作	是否具有良好的合作意识	20	
组织有序	组员之间配合是否默契	15	
工作质量	检测质量良好与否	15	
工作效率	工作效率是否符合要求	10	
工作规范	是否按照检测规范进行检测,安全操作,工完场清	10	
成果展示	能否将检测成果进行拍照并在全班展示,分析检测过程中的得失	10	
合　计		100	

（3）教师对学生工作过程和工作结果进行评价,并将评价结果填入表 3-15 中。

表 3-15　教师综合评价表

班级		姓名		学号		组别	
学习任务		砂的堆积密度的检测					
评价项目		评价标准			分值		得分
考勤		无迟到、早退、旷课现象			10		
工作过程		态度认真,工作积极主动			10		
		安全意识,规范意识			10		
		仪器调试、检测规范,操作无误			10		
		工完场清的职业精神			10		
		组员间协作与配合、沟通表达,团队意识			10		
项目成果		数据分析准确,检测项目完整			40		
合　计					100		

9. 学习任务相关知识点

试验 3.2　砂的堆积密度试验

1. 试验目的
测定砂的堆积密度,为计算砂的空隙率和混凝土配合比设计提供依据。

2. 主要仪器
（1）秤:称量 10kg,感量 1g。

（2）容量筒:容积为 1L 的金属圆筒。

（3）鼓风烘箱:能控制温度在（105±5）℃。

（4）漏斗。

（5）直尺、浅搪瓷盘等。

3. 检测步骤

（1）称取约 5kg 砂样两份，按下述步骤分别进行测试。

（2）称出空容量筒质量

（3）将砂样装入漏斗中，打开漏斗活动闸门，使砂样从漏斗口（高于容量筒顶面 5cm）落入容量筒内，直至砂样装满容量筒并超出筒口时为止。用直尺沿筒口中心线向两侧方向轻轻刮平，然后称其质量。

4. 检测结果处理

堆积密度按公式（3-3）计算（精确至 $1kg/m^3$）：

$$\rho_0' = \frac{m_2 - m_1}{V} \times 1000 \tag{3-3}$$

式中：ρ_0'——堆积密度，kg/m^3；

m_1——容量筒质量，kg；

m_2——容量筒及砂样总质量，kg；

V——容量筒的容积，L。

以两次测值的平均值作为试验结果。

> **注意**
>
> 容量筒容积的校正方法为：称取空容量筒和玻璃板的总质量，将自来水装满容量筒，用玻璃板沿筒口推移使其紧贴水面，盖住筒口（玻璃板和水面间不得带有气泡），擦干筒外壁的水，然后称其质量。

容量筒的容积按下式计算：

$$V = \frac{g_2 - g_1}{\rho_水} \tag{3-4}$$

式中：V——容量筒的容积，L；

g_1——容量筒及玻璃板总质量，kg；

g_2——容量筒、玻璃板及水总质量，kg；

$\rho_水$——水的密度，g/m^3。

任务 3.3 砂的含水率的检测

1. 任务描述

在进行混凝土配合比设计过程中，经历了确定初步配合比、确定基准配合比、确定设计配合比、确定施工配合比等阶段，混凝土的设计配合比是以干燥状态的骨料为准，而砂、石等原材料都含有一定的水分,在确定施工配合比时,应按砂、石含水情况进行修正,防止由于骨料含水率的变化而导致混凝土水灰比发生波动,对混凝土强度和耐久性造成不良影响。

根据《建设用砂》(GB/T 14684—2011)中的有关规定,测定砂的含水率,为混凝土工程提供良好的骨料。

2. 学习目标

(1) 能掌握检测仪器和设备的使用方法。

(2) 能根据标准准确地检验砂的含水率。

(3) 能根据标准判定砂的检测结果。

3. 任务准备

(1) 进入实验室后,先查看室内试验环境是否满足试验要求[温度:(20±2)℃,湿度≥50%],不满足要求时,进行温湿度控制,温度可用空调进行恒温控制,湿度可开加湿器控制,保持在50%以上。

(2) 仪器准备:选取并检查所用仪器设备。

① 烘箱:能使温度控制在(105+5)℃。

② 天平:称量10kg,感量0.1g。

③ 浅盘、烧杯等。

4. 任务分组

根据任务分组情况,完成表3-16。

表 3-16 任务分组表

班级			组号		
组长			学号		
组员	学号	姓名	学号	姓名	
任务分工					

5. 任务实施(理论测试)

引导问题1：施工中使用的砂受环境温度和湿度的影响，有四种含水状态：完全干燥状态、＿＿＿＿＿＿＿＿状态、＿＿＿＿＿＿＿＿状态和湿润状态。

引导问题2：一般情况下，混凝土的试验配合比是按砂的＿＿＿＿＿＿＿＿考虑的，此时拌合混凝土的实际流动性要小一些。

引导问题3：含水率为5%的220g，其干燥后的重量是＿＿＿＿＿＿＿＿g。

引导问题4：请简述砂的含水率对混凝土配合比的实际影响。

_____

_____

6. 任务实施(技能操作)

根据任务要求完成表3-17。

表3-17　砂的含水率的检测

姓名		班级		学号		成绩	
任务名称	砂的含水率的检测					日期	
天气情况						室内温度	
任务准备	1. 温湿度条件准备：						
	2. 仪器准备：						
	3. 材料准备：						
	4. 安全防护：						
任务计划							

续表

任务实施	
整改措施	

试验小提示

（1）取样时用人工四分法进行缩分。

（2）称取一份试样的质量时，精确至 0.1g。

7. 砂的含水率数据处理

学生操作结束后按要求完成表 3-18。

表 3-18　砂的含水率数据处理

试件编号	烘干前的试样质量 m_2/g	烘干后的试样质量 m_1/g	m_2-m_1/g	试件的含水率 W_h/%
1				
2				
平均值				

8. 评价反馈

学生进行自评，评价是否能完砂的含水率的学习、是否能完成砂的含水率的检测和按时完成报告内容等实训成果资料、有无任务遗漏。老师对学生进行的评价内容包括：报告书写是否工整规范，报告内容数据是否出自实训、是否真实合理、阐述是否详细、认识体会是否深刻，试验结果分析是否合理，是否起到了实训的作用。

（1）学生进行自我评价，并将结果填入表 3-19 中。

表 3-19　学生自评表

班级		姓名		学号		组别	
学习任务		砂的含水率的检测					
评价项目		评价标准			分值		得分
检测仪器的选取		能正确选用仪器，安全操作仪器			10		
砂的取样		能根据人工四分法进行取样			10		
检测过程的规范性		能根据检测步骤进行检测			20		
工作态度		工作态度端正，无缺勤、迟到、早退现象			15		
工作质量		能按计划时间完成工作任务			15		
协调能力		与小组成员、同学之间能合作交流、协调工作			10		
职业素质		能做到安全生产、爱护公物、工完场清			10		
创新意识		能对检测过程进行合理的小结，并对检测过程中水泥的变化进行分析			10		
合　计					100		

（2）学生以小组为单位，对以上学习任务的过程和结果进行互评，将互评结果填入表 3-20 中。

表 3-20　学生互评表

学习任务		砂的含水率的检测					
评价项目		评价标准			分值		得分
计划的合理性		是否能合理地编排检测计划			10		
检测的准确性		检测过程是否正确			10		
团队合作		是否具有良好的合作意识			20		
组织有序		组员之间配合是否默契			15		
工作质量		检测质量良好与否			15		
工作效率		工作效率是否符合要求			10		
工作规范		是否按照检测规范进行检测，安全操作，工完场清			10		
成果展示		能否将检测成果进行拍照并在全班展示，分析检测过程中的得失			10		
合　计					100		

（3）教师对学生工作过程和工作结果进行评价，并将评价结果填入表 3-21 中。

表 3-21 教师综合评价表

班级		姓名		学号		组别	
学习任务		砂的含水率的检测					
评价项目		评价标准				分值	得分
考勤		无迟到、早退、旷课现象				10	
工作过程		态度认真，工作积极主动				10	
		安全意识，规范意识				10	
		仪器调试、检测规范，操作无误				10	
		工完场清的职业精神				10	
		组员间协作与配合、沟通表达，团队意识				10	
项目成果		数据分析准确,检测项目完整				40	
合 计						100	

9. 学习任务相关知识点

试验 3.3　砂的含水率试验

1. 试验目的
测定砂的含水率,为混凝土配合比设计提供依据。

2. 主要仪器
(1) 烘箱:能使温度控制在(105+5)℃。

(2) 天平:称量 1000g,感量 0.1g。

(3) 浅盘、烧杯等。

3. 试验步骤
(1) 将自然潮湿状态下的试样用四分法缩分至约 1100g,拌匀后分为大致相等的两份备用。

(2) 称取一份试样的质量(m_2),精确至 0.1g,倒入已知质量的烧杯中,放入温度为(105±5)℃的烘箱中烘干至恒重。冷却至室温后,再称重(m_1),精确至 0.1g。

4. 试验结果
砂的含水率 W_h 按式(3-5)计算(精确至 0.1%):

$$W_h = \frac{m_2 - m_1}{m_1} \times 100\%$$

(3-5)

式中:m_1——烘干后的试样与容器的总质量,g;

m_2——未烘干的试样与容器的总质量,g。

以两次试验结果的算术平均值作为测定值,如两次试验结果的差值超过 0.2%,须重做试验。

任务 3.4　碎石、卵石的颗粒级配检测

1. 任务描述

与细骨料要求一样，粗骨料也应具有良好的颗粒级配，以减小空隙率，节约水泥，提高混凝土的密实度和强度。特别是配置高强混凝土，粗骨料级配尤其重要。

根据《建设用卵石、碎石》(GB/T 14685—2011)中的有关规定，测定碎石、卵石的颗粒级配，给混凝土工程提供良好的粗骨料。

2. 学习目标

(1) 能掌握检测仪器和设备的使用方法。

(2) 能根据标准及时准确地检测碎石、卵石的颗粒级配。

(3) 能根据标准判定碎石、卵石的颗粒级配。

3. 任务准备

(1) 进入实验室后，先查看室内试验环境是否满足试验要求[温度(20±2)℃,湿度≥50%]，不满足要求时，进行温湿度控制，温度可用空调进行恒温控制，湿度可开加湿器控制，保持在 50% 以上。

(2) 仪器准备：选取并检查所用仪器设备。

① 方孔筛。根据《建设用卵石、碎石》(GB/T 14685—2011)规定，采用标准筛孔径为 2.36mm、4.75mm、9.5mm、16.0mm、19.0mm、26.5mm、31.5mm、37.5mm、53.0mm、63.0mm、75.0mm 和 90.0mm 的方孔筛。

② 天平和秤：称量 10kg，感量 1g。

③ 烘箱：温度控制在(105±5)℃。

4. 任务分组

根据任务分组情况，完成表 3-22。

表 3-22　任务分组表

班级		组号		
组长		学号		
组员	学号	姓名	学号	姓名

续表

任务分工	

5. 任务实施（理论测试）

引导问题 1：颗粒粒径大于_____mm 的骨料为粗骨料，混凝土工程中常用的有_____和_____两大类。

引导问题 2：粗骨料的_____称为该粒级的最大粒径。

引导问题 3：根据《混凝土结构工程施工及验收规范》(GB 50204—2015)的规定，混凝土用粗骨料的最大粒径不得大于结构截面最小尺寸的_____，同时不得大于钢筋间最小净距的_____；对于实心板，可允许使用最大粒径达_____板厚的骨料，但最大粒径不得超过_____mm。

引导问题 4：当骨料用量一定时，骨料粒径越_____，其表面积越_____，因而包裹其表面所需的水泥浆量减少，有利于_____水泥、_____成本，而且有助于改善混凝土性能，提高混凝土密实度，减少混凝土体积收缩。

引导问题 5：粗骨料的颗粒级配可分为_____和_____两种。连续粒级指_____mm 以上至最大粒径 D_{max}，各粒级均占一定比例，且在一定范围内，用连续粒级的石子配置的混凝土拌合物，和易性好，是工程上最常用的级配。

6. 任务实施（技能操作）

根据任务要求完成表 3-23。

表 3-23　碎石、卵石的颗粒级配检测

姓名		班级		学号		成绩	
任务名称		碎石、卵石的颗粒级配检测			日期		
天气情况					室内温度		

续表

任务准备	1. 温湿度条件准备： 2. 仪器准备： 3. 材料准备： 4. 安全防护：
任务计划	
任务实施	
整改措施	

试验小提示

（1）试验前应检查筛面是否干燥、完好。

（2）取下套筛，按筛孔大小顺序逐个用手筛时，应尽量避免石粒损失。

（3）称量筛余物质量时，应尽量把留在筛上的石粒清理干净。

7. 碎石、卵石的颗粒级配检测数据处理

学生操作结束后按要求完成表 3-24。

表 3-24 碎石、卵石的颗粒级配检测数据处理

	筛孔直径/mm	筛余物质量/g	分计筛余百分率/%	累计筛余百分率/%
试验数据记录				
结果评定	最大粒径			
	颗粒级配			

8. 评价反馈

学生进行自评，评价是否能完成碎石、卵石的颗粒级配检测学习、是否能完成碎石、卵石的颗粒级配检测和按时完成报告内容等实训成果资料、有无任务遗漏。老师对学生进行的评价内容包括：报告书写是否工整规范，报告内容数据是否出自实训、是否真实合理、阐述是否详细、认识体会是否深刻，试验结果分析是否合理，是否起到了实训的作用。

（1）学生进行自我评价，并将结果填入表 3-25 中。

表 3-25　学生自评表

班级		姓名		学号		组别	
学习任务		碎石、卵石的颗粒级配检测					
评 价 项 目		评 价 标 准			分值		得分
检测仪器的选取		能正确选用仪器，安全操作仪器			10		
试样的取样方法		能正确按缩分法取样			10		
检测过程的规范性		能根据检测步骤进行检测			20		
工作态度		工作态度端正，无缺勤、迟到、早退现象			15		
工作质量		能按计划时间完成工作任务			15		
协调能力		与小组成员、同学之间能合作交流、协调工作			10		
职业素质		能做到安全生产、爱护公物、工完场清			10		
创新意识		能对检测过程进行合理的小结，并对检测过程中水泥的变化进行分析			10		
合　计					100		

（2）学生以小组为单位，对以上学习任务的过程和结果进行互评，将互评结果填入表 3-26 中。

表 3-26　学生互评表

学习任务		碎石、卵石的颗粒级配检测					
评 价 项 目		评 价 标 准			分值		得分
计划的合理性		是否能合理地编排检测计划			10		
检测的准确性		检测过程是否正确			10		
团队合作		是否具有良好的合作意识			20		
组织有序		组员之间配合是否默契			15		
工作质量		检测质量良好与否			15		
工作效率		工作效率是否符合要求			10		
工作规范		是否按照检测规范进行检测，安全操作，工完场清			10		
成果展示		能否将检测成果进行拍照并在全班展示，分析检测过程中的得失			10		
合　计					100		

（3）教师对学生工作过程和工作结果进行评价，并将评价结果填入表 3-27 中。

表 3-27　教师综合评价表

班级		姓名		学号		组别	
学习任务		碎石、卵石的颗粒级配检测					
评价项目		评价标准				分值	得分
考勤		无迟到、早退、旷课现象				10	
工作过程		态度认真,工作积极主动				10	
		安全意识,规范意识				10	
		仪器调试、检测规范,操作无误				10	
		工完场清的职业精神				10	
		组员间协作与配合、沟通表达,团队意识				10	
项目成果		数据分析准确,检测项目完整				40	
合　计						100	

9. 学习任务相关知识点

颗粒粒径大于 4.75mm 的骨料为粗骨料,混凝土工程中常用的有碎石和卵石两大类。碎石是指天然岩石、卵石或矿山废石经机械破碎、筛分制成的粒径大于 4.75mm 的岩石颗粒。卵石指由自然风化、水流搬运和分选、堆积形成的粒径大于 4.75mm 的岩石颗粒。

碎石表面粗糙、棱角多,与水泥黏结较好,拌制的混凝土强度较高,但混凝土拌合物流动性较差;卵石表面光滑、棱角少,与水泥的黏结较差,拌制的混凝土强度较低,但混凝土拌合物流动性好。

配制混凝土选用碎石还是卵石要根据工程性质、当地材料供应情况、成本等各方面综合考虑。

粗骨料技术要求如下。

1) 粗骨料最大粒径

粗骨料的公称粒级的上限称为该粒级的最大粒径。当骨料用量一定时,骨料粒径越大,其表面积越小,包裹其表面所需的水泥浆量就越少,有利于节约水泥、降低成本,而且有助于改善混凝土性能,提高混凝土密实度,减少混凝土体积收缩。所以在条件许可的情况下,应尽量选用较大粒径的骨料。但对于普通配合比的结构混凝土,尤其是高强混凝土,当粗骨料粒径大于 40mm,由于减少用水量获得的强度提高,被较少的黏结面积及大粒径骨料造成不均匀性的不利影响所抵消。因此并无多少好处。在实际工程上,骨料最大粒径还受到多种条件的限制:①最大粒径不得大于构件最小截面尺寸的 1/4,同时不得大于钢筋净距的 3/4。②对于混凝土实心板,最大粒径不宜超过板厚的 1/3,且不得大于 40mm。③对于泵送混凝土,骨料最大粒径与输送管内径之比,当泵送高度在 50m 以下时,碎石不宜大于 1∶3,卵石不宜大于 1∶2.5;泵送高度在 50~100m 时,碎石不宜大于 1∶4,卵石不宜大于 1∶3;泵送高度在 100m 以上时,碎石不宜大于 1∶5.卵石不宜大于 1∶4。④对大体积混凝土(如混凝土坝或围堤)或疏筋混凝土,往往受到搅拌设备和运输、成型设备条件的限制。有时为了节省水泥,降低收缩,可在大体积混凝土中抛入大块石(或称毛石),常称作抛石混凝土。

2）粗骨料颗粒级配

与细骨料要求一样，粗骨料也应具有良好的颗粒级配，以减小空隙率，节约水泥，提高混凝土的密实度和强度。特别是配置高强混凝土，粗骨料级配尤其重要。

粗骨料的颗粒级配可分为连续粒级和单粒级两种。连续粒级指 5mm 以上至最大粒径 D_{max}，各粒级均占一定比例，且在一定范围内，用连续粒级的石子配置的混凝土拌合物，和易性好，是工程上最常用的级配。单粒级指从 1/2 最大粒径开始至 D_{max}。单粒级集料可以避免连续级配中的较大粒级集料在堆放及装卸过程中的离析现象。单粒级可以通过不同组合，配置成各种不同要求的级配集料，也可与连续粒级混合使用，以改善级配或配成较大密实度的连续粒级。单粒级一般不宜单独用来配制混凝土，如必须单独使用，则应作技术经济分析，并通过试验证明不发生离析或影响混凝土的质量。

石子的颗粒级配通过筛分析试验确定。根据《建设用卵石、碎石》（GB/T 14685—2011）规定，采用标准筛孔径为 2.36mm、4.75mm、9.5mm、16.0mm、19.0mm、26.5mm、31.5mm、37.5mm、53.0mm、63.0mm、75.0mm 和 90.0mm 12 个方孔筛进行筛分试验，用与砂同样的方法计算累计筛余百分率。卵石、碎石的颗粒级配应符合表 3-28 的规定。

表 3-28　卵石、碎石的颗粒级配

级配情况	公称粒径/mm	累计筛余（按质量计）/%											
		筛孔尺寸（方孔筛）/mm											
		2.36	4.75	9.50	16.0	19.0	26.5	31.5	37.5	53.0	63.0	75.0	90.0
连续级配	5~10	95~100	80~100	0~15	0	—	—	—	—	—	—	—	—
	5~16	95~100	85~100	30~60	0~10	0	—	—	—	—	—	—	—
	5~20	95~100	90~100	40~80	—	0~10	—	—	—	—	—	—	—
	5~25	95~100	90~100	—	30~70	—	0~5	0	—	—	—	—	—
	5~31.5	95~100	90~100	70~90	—	15~45	—	0~5	—	—	—	—	—
	5~40	—	95~100	70~90	—	—	30~65	—	0~5	0	—	—	—
单粒级	Ⅱ5~10	95~100	80~100	10~15	0	—	—	—	—	—	—	—	—
	10~16	—	95~100	80~100	0~15	—	—	—	0~10	0	—	—	—
	10~20	—	95~100	85~100	—	0~15	—	0	—	—	—	—	—
	16~25	—	—	95~100	55~70	25~40	0~10	—	—	—	—	—	—
	16~31.5	—	95~100	—	85~100	—	—	0~10	0	—	—	—	—
	20~40	—	—	95~100	—	80~100	—	—	0~10	0	—	—	—
	40~80	—	—	—	—	95~100	—	—	70~100	—	30~60	0~10	0

注意

粗骨料的级配按供应情况有连续级配和单粒级两种。连续粒级中由小到大每一级颗粒都占有一定的比例，又称连续级配。天然卵石的颗粒级配就属于连续级配，连续级配大小颗粒搭配合理，使配制的混凝土拌合物的工作性好，不易发生离析现象，目前多采用连续级配。单粒级主要用于组合成具有要求级配的连续粒级，或与连续粒级混合使用，用以改善级配，或配成较大粒度的连续粒级。

试验3.4　卵石、碎石的颗粒级配试验

1. 试验目的

称取规定的试样,经标准的石子套筛进行筛分,称取筛余量,计算各筛的分计筛余百分率的累计筛余百分率,与国家标准规定的各筛孔尺寸的累计筛余百分数进行比较,满足相应指标者即为级配合格。

2. 主要仪器

(1) 方孔筛:根据《建设用卵石、碎石》(GB/T 14685—2011)的规定,采用标准筛孔径为 2.36mm、4.75mm、9.5mm、16.0mm、19.0mm、26.5mm、31.5mm、37.5mm、53.0mm、63.0mm、75.0mm 和90.0mm 的方孔筛。

(2) 天平:称量10kg,感量1g。

(3) 烘箱:温度控制在(105±5)℃。

3. 试验步骤

(1) 按缩分法将试样缩分至略大于表 3-29 规定的数量,烘干或风干后备用。

表 3-29　颗粒级配试验所需试样数量

最大粒径/mm	9.5	16.0	19.0	26.5	31.5	37.5	63.0	75.0
最少试样质量/kg	1.9	3.2	3.8	5.0	6.3	7.5	12.6	16.0

(2) 称取按表 3-29 规定数量的试样一份,精确到1g。将试样倒入按孔径大小从上到下组合的套筛(附筛底)上,然后进行筛分。

(3) 将试样按筛孔大小顺序过筛,当每只筛上的筛余层厚度大于试样的最大粒径值时,应将该筛上的筛余试样分成两份,再次进行筛分,直至各筛每分钟的通过量不超过试样总量的 0.1% 为止。

(4) 称出各号筛的筛余量,精确至试样总量的 0.1%。各筛的分计筛余量和筛底剩余量的总和与筛分前测定的试样总量相比,其相差不得超过 1%。

4. 结果计算与评定

(1) 计算分计筛余百分率:分计筛余百分率为各号筛的筛余量与试样总质量之比,计算精确至0.1%。

(2) 计算累计筛余百分率:累计筛余百分率为该号筛的分计筛余百分率加上该号筛以上各筛的分计筛余百分率之和,计算精确至1%。

(3) 根据各号筛的累计筛余百分率,评定该试样的颗粒级配。

任务 3.5　碎石、卵石的针状和片状颗粒含量的检测

1. 任务描述

粗集料中卵石、碎石颗粒的长度大于该颗粒所属相应粒级平均粒径的 2.4 倍者为针状颗粒；厚度小于平均粒径 0.4 倍者为片状颗粒。粗骨料的颗粒形状以近立方体或近球状体为最佳，但在岩石破碎生产碎石的过程中往往产生一定量的针、片状颗粒，针、片状颗粒易折断，使骨料的空隙率增大，并降低混凝土的强度，特别是抗折强度，同时影响混凝土拌合物的和易性。

根据《建设用卵石、碎石》（GB/T 14685—2011）中的有关规定，通过测定碎石、卵石的针状和片状颗粒含量来评定石的质量，评定混凝土拌合物的性能。

2. 学习目标

（1）能掌握检测仪器和设备的使用方法。

（2）能掌握碎石、卵石的针状和片状颗粒含量的检测。

（3）能准确判定碎石、卵石的针状和片状颗粒含量。

3. 任务准备

（1）进入实验室后，先查看室内试验环境是否满足试验要求［温度：（20±2）℃，湿度≥50％］，不满足要求时，进行温湿度控制，温度可用空调进行恒温控制，湿度可开加湿器控制，保持在 50％以上。

（2）仪器准备。

① 针状规准仪和片状规准仪。

② 天平：称量 10kg，感量 1g。

③ 试验筛：孔径为 4.75mm、9.50mm、16.0mm、19.0mm、26.5mm、31.5mm、37.5mm、63.0mm、75.0mm，根据需要选用。

（3）材料准备：将试样放在室内风干至表面干燥，并用四分法缩分至规定的数量。

4. 任务分组

根据任务分组情况，完成表 3-30。

表 3-30　任务分组表

班级		组号		
组长		学号		
组员	学号	姓名	学号	姓名

续表

任务分工	

5. 任务实施(理论测试)

引导问题1：请查阅资料，说明碎石针状、片状含量多少合格？

_____

_____

_____

引导问题2：请简述碎石、卵石的针状和片状颗粒含量对混凝土强度有什么影响？

_____

_____

_____

6. 任务实施(技能操作)

通过技能操作，完成表3-31。

表3-31　碎石、卵石的针状和片状颗粒含量的检测

姓名		班级		学号		成绩	
任务名称		碎石、卵石的针状和片状颗粒含量的检测			日期		
天气情况					室内温度		
任务准备		1. 温湿度条件准备：					
		2. 仪器准备：					
		3. 材料准备：					
		4. 安全防护：					

续表

任务计划	
任务实施	
整改措施	

试验小提示

（1）挑选出的针状和片状颗粒放在一起称量，计算针、片状颗粒总含量。

（2）挑选针状和片状颗粒时，应同时进行针状和片状检查。

7. 碎石、卵石的针状和片状颗粒含量数据处理

操作结束后完成表 3-32。

表 3-32　碎石、卵石的针状和片状颗粒含量数据处理

	试验次数	烘干后试样的质量 m_0/g	针状和片状总量 m_1/g	针状和片状颗粒含量/%
试验数据记录				
结果评定				

8. 评价反馈

学生进行自评,评价是否能完成碎石、卵石的针状和片状颗粒含量的检测学习、是否能完成碎石、卵石的针状和片状颗粒含量的检测和按时完成报告内容等实训成果资料、有无任务遗漏。老师对学生进行的评价内容包括:报告书写是否工整规范,报告内容数据是否出自实训、是否真实合理、阐述是否详细、认识体会是否深刻,试验结果分析是否合理,是否起到了实训的作用。

（1）学生进行自我评价,并将结果填入表 3-33 中。

表 3-33　学生自评表

班级		姓名		学号		组别	
学习任务		碎石、卵石的针状和片状颗粒含量的检测					
评 价 项 目		评 价 标 准				分值	得分
检测仪器的选取		能正确选用仪器,安全操作仪器				10	
试样的取样方法		能正确按缩分法取样				10	
检测过程的规范性		能根据检测步骤进行检测				20	
工作态度		工作态度端正,无缺勤、迟到、早退现象				15	
工作质量		能按计划时间完成工作任务				15	
协调能力		与小组成员、同学之间能合作交流、协调工作				10	
职业素质		能做到安全生产、爱护公物、工完场清				10	
创新意识		能对检测过程进行合理的小结,并对检测过程中水泥的变化进行分析				10	
合　计						100	

（2）学生以小组为单位,对以上学习任务的过程和结果进行互评,将互评结果填入表 3-34 中。

表 3-34　学生互评表

学习任务		碎石、卵石的针状和片状颗粒含量的检测					
评 价 项 目		评 价 标 准				分值	得分
计划的合理性		是否能合理地编排检测计划				10	
检测的准确性		检测过程是否正确				10	
团队合作		是否具有良好的合作意识				20	
组织有序		组员之间配合是否默契				15	
工作质量		检测质量良好与否				15	
工作效率		工作效率是否符合要求				10	

续表

评 价 项 目	评 价 标 准	分值	得分
工作规范	是否按照检测规范进行检测,安全操作,工完场清	10	
成果展示	能否将检测成果进行拍照并在全班展示,分析检测过程中的得失	10	
合　计		100	

（3）教师对学生工作过程和工作结果进行评价,并将评价结果填入表 3-35 教师综合评价表中。

表 3-35　教师综合评价表

班级		姓名		学号		组别	
学习任务		碎石、卵石的针状和片状颗粒含量的检测					
评价项目		评 价 标 准			分值		得分
考勤		无迟到、早退、旷课现象			10		
工作过程		态度认真,工作积极主动			10		
		安全意识,规范意识			10		
		仪器调试、检测规范,操作无误			10		
		工完场清的职业精神			10		
		组员间协作与配合,沟通表达,团队意识			10		
项目成果		数据分析准确,检测项目完整			40		
合　计					100		

试验 3.5　针状和片状颗粒含量试验

1. 试验目的

测定碎石或卵石中针片状颗粒的总含量。

2. 主要仪器

（1）针状规准仪和片状规准仪,如图 3-4 和图 3-5 所示。

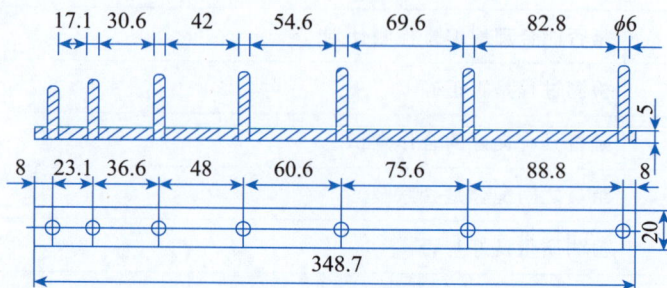

17.1　30.6　42　54.6　69.6　82.8　φ6

8　23.1　36.6　48　60.6　75.6　88.8　8

348.7

图 3-4　针状规准仪

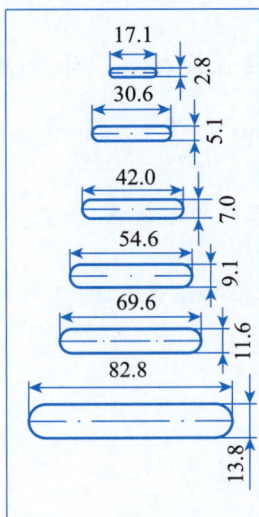

图 3-5 片状规准仪

（2）天平：称量 10kg，感量 1g。

（3）试验筛：孔径为 4.75mm、9.50mm、16.0mm、19.0mm、26.5mm、31.5mm、63.0mm、37.5mm，根据需要选用。

（4）卡尺（略）。

3. 试验步骤

（1）将样品在室内风干至表面干燥，并用四分法缩分至表 3-36 规定的数量，称量（m_0），然后筛分成表 3-36 所规定的粒级备用。

表 3-36 针、片状颗粒含量试验所需试样数量

最大粒径/mm	9.50	16.0	19.0	26.5	31.5	≥37.5
最少试样质量/kg	0.3	1.0	2.0	3.0	5.0	10.0

（2）按表 3-37 规定的粒级用规准仪逐粒对试样进行鉴定，凡颗粒长度大于针状规准仪上相对应间距者，为针状颗粒。厚度小于片状规准仪上相应孔宽者，为片状颗粒。

表 3-37 针、片状颗粒含量试验的粒级划分及其相应的规准仪孔宽或间距　　　单位：mm

石子粒级	4.75～9.50	9.50～16.0	16.0～19.0	19.0～26.5	26.5～31.5	31.5～37.5
片状规准仪相对应孔宽	2.8	5.1	7.0	9.1	11.6	13.8
针状规准仪相对应孔宽	17.1	30.6	42.0	54.6	69.6	82.8

（3）粒径大于 37.5mm 的碎石或卵石用卡尺鉴定其针片状颗粒。

（4）称量由各粒级挑出的针状和片状颗粒的总重量（m_1）。

4. 数据处理与结果判定

碎石和卵石中针、片状颗粒含量应按式(3-7)计算(精确至 0.1%)：

$$W_P = \frac{m_1}{m_0} \times 100\%$$ (3-6)

式中：m_1——试样中所含针、片状颗粒的总质量，g；

m_0——试样总质量，g。

项目 4　普通混凝土的性能检测

项目描述

混凝土是由胶凝材料和粗、细骨料按适当比例配合，必要时加入外加剂和掺和料，经硬化后形成的人造石材。混凝土的种类有很多，最常见的是普通混凝土。

普通混凝土由水泥、砂、石和水组成，为了改善其工艺性能和力学性能，通常加入外加剂和矿物掺和料。普通混凝土的表观密度介于 $2000 \sim 2800 \mathrm{kg/m^3}$。

普通混凝土中，砂、石起骨架作用，称为骨料；水泥和水形成水泥浆，包裹在骨料表面并填充其空隙。水泥浆在凝结硬化前，主要起润滑作用，赋予混合物一定的流动性，便于施工；水泥浆硬化后，起胶结作用，将骨料胶结成坚实的整体，成为具有一定力学强度和耐久性的人造石材。

项目内容

本项目的主要内容包括普通混凝土的基本性质、普通混凝土的技术参数与检测标准、普通混凝土配合比设计方法。通过本项目的训练，学生可达到如下知识目标、能力目标和素养要求。

知识目标

（1）了解普通混凝土的基本性质。

（2）熟悉普通混凝土的技术参数与检测标准，掌握普通混凝土的检测方法、步骤。

（3）掌握普通混凝土配合比设计方法。

能力目标

（1）能够正确抽取、制备混凝土检测用的试样。

（2）能够对混凝土必检项目进行检测，精确读取试验数据，能够按规范要求对检测数据进行处理，并评定检测结果。

（3）能够独立设计普通混凝土配合比。

（4）能够填写规范的检测原始记录并出具规范的检测报告。

素养要求

（1）通过项目实施过程中的咨询、初步方案设计培养学生资料查阅能力、经济成本意识和自我学习的能力。

（2）通过项目实施过程中的检测、小组汇报等环节培养学生安全操作意识、严谨的工作态度、团队合作精神、吃苦耐劳的精神和环境保护意识。

任务 4.1　普通混凝土配合比的设计

1. 任务描述

某室内现浇混凝土梁，要求混凝土的等级为 C30 水泥混凝土，施工采用机械搅拌合机械振捣，要求坍落度为 30～50mm，施工单位无近期混凝土强度统计资料，所用原材料如下。

水泥：普通硅酸盐水泥，密度为 $3.1g/cm^3$，实测强度为 36.0MPa。

砂：中砂，级配合格，表观密度为 $2.60g/cm^3$。

石子：碎石，最大粒径为 40mm，级配合格，表观密度为 $2.65g/cm^3$。

水：自来水。

试进行配合比的设计。

2. 学习目标

（1）熟悉《普通混凝土配合比设计规程》（JGJ/T 55—2011）。

（2）掌握混凝土配合比设计要求及步骤。

（3）能进行混凝土配合比的设计。

3. 任务实施（理论测试）

引导问题 1：混凝土配合比设计的基本要求是满足＿＿＿＿＿＿＿＿＿、＿＿＿＿＿＿＿＿＿、＿＿＿＿＿＿＿＿＿和＿＿＿＿＿＿＿＿＿。

引导问题 2：混凝土配合比设计的三大参数是＿＿＿＿＿＿＿＿＿、＿＿＿＿＿＿＿＿＿和＿＿＿＿＿＿＿＿＿。

引导问题 3：混凝土用集料常有的几种含水状态包括＿＿＿＿＿＿＿＿＿状态、＿＿＿＿＿＿＿＿＿状态、＿＿＿＿＿＿＿＿＿状态和湿润。

引导问题 4：混凝土配合比设计中，水灰比的值是根据混凝土的＿＿＿＿＿＿＿＿＿要求来确定的。

4. 任务实施（技能操作）

进行混凝土的初步配合比的计算，并将结果填入表 4-1 中。

表 4-1　混凝土初步配合比计算结果

配比名称 （设计、施工要求）			委托编号	
			样品编号	
试验环境条件			检验类别	
施工方法			收样日期	
检测依据			试配日期	
材料情况	水泥	砂	石子	水

配合比计算式	1. 计算配制强度 $f_{cu,o}=f_{cu,k}+1.645\sigma=$ 2. 确定水泥 28d 抗压强度实测值 $f_{ce}=$ 3. 计算水灰比 $W/C=\alpha_a \cdot f_{ce}/(f_{cu,o}+\alpha_a \cdot \alpha_b f_{ce})=$ 4. 确定用水量 $m_{wa}=$ 5. 计算水泥用量 $m_{c1}=$ 6. 确定砂率 $\beta_s=$ 7. 用质量法计算 $m_g=$ $\qquad m_s=$				
试件尺寸	100mm×100mm×100mm		试配体积/L		试配方法	机械搅拌、振实

计算配合比	材料名称	水泥	砂	石子	水
	每立方米混凝土材料用量/kg				
	重量配合比				
	试配重量/kg				

5. 评价反馈

学生进行自评,评价是否掌握混凝土配合比设计方法、是否能按照配合比设计步骤正确完成混凝土配合比的设计、有无任务遗漏。老师对学生进行的评价内容包括:报告书写是否工整规范,报告内容数据是否真实合理、结果是否正确,是否达到本次任务的要求。

(1)学生进行自我评价,并将结果填入表 4-2 中。

表 4-2 学生自评表

班级		姓名		学号		组别	
学习任务		普通混凝土配合比的设计					
评价项目		评价标准				分值	得分
预习情况		理论测试题完成及掌握情况				10	
规范标准的选用		能利用网络查找并下载最新规范				10	

续表

评价项目	评价标准	分值	得分
表格的正确填写	能正确选择及填写数据	10	
方法、步骤的掌握	能正确按步骤进行设计	20	
工作态度	工作态度端正，无缺勤、迟到、早退现象	15	
工作质量	能按计划时间完成工作任务	15	
职业素质	能做到计算过程科学严谨、数据有据可查	10	
创新意识	能灵活应用原始资料，不按部就班进行设计	10	
合　　计		100	

（2）教师对学生工作过程和工作结果进行评价，并将评价结果填入表 4-3 中。

表 4-3　教师综合评价表

班级		姓名		学号		组别	
学习任务		普通混凝土配合比的设计					
评价项目		评价标准			分值		得分
考勤		无无故迟到、早退、旷课现象			10		
工作过程		课前预习情况			10		
		规范意识			10		
		数据填写是否规范、清晰			10		
		数据查找是否有据可查			10		
项目成果		数据计算完整准确性			50		
合　　计					100		

6. 学习任务相关知识点

混凝土配合比是指单位体积的混凝土中各组成材料的质量比例，确定这种数量比例关系的工作，称为混凝土配合比设计。

1）混凝土配合比设计的四项基本要求

（1）满足结构设计的强度等级要求。

（2）满足混凝土施工所要求的和易性。

（3）满足工程所处环境和使用条件对混凝土耐久性的要求。

（4）符合经济原则，节约水泥，降低混凝土的成本。

2）混凝土配合比设计基本参数确定的原则

混凝土配合比设计，就是要确定混凝土中各种组成材料之间的比例关系。这种比例关系体现在三个方面，即水与胶凝材料（水泥和活性矿物掺合料）的比例关系，用水胶比表示；

水泥浆与骨料之间的比例关系,用单位用水量表示;砂与石之间的比例关系,用砂率表示。水胶比、单位用水量和砂率是混凝土配合比设计的三个基本参数。

混凝土配合比设计中确定三个参数的原则是:在满足混凝土强度和耐久性的基础上,确定混凝土的水胶比;在满足混凝土施工要求的和易性基础上,根据粗骨料的种类和规格确定单位用水量;砂率应以砂在骨料中填充石子空隙后略有富余的原则来确定。

混凝土配合比设计以计算 $1m^3$ 混凝土中各材料用量为基准,计算时骨料以干燥状态为准。

3) 混凝土配合比设计的步骤

(1) 了解配合比设计的基本资料

设计混凝土配合比之前,必须先掌握下列基本资料。

① 混凝土的设计强度等级、施工企业的管理水平和质量稳定性。

② 了解工程所处环境条件对混凝土耐久性的要求。

③ 了解混凝土构件的断面尺寸、配筋情况以及采用的施工工艺。

④ 了解各种原材料的品种、规格及其物理力学性能指标。

(2) 配合比的计算(也称计算配合比)

① 确定试配强度($f_{cu,o}$)

当混凝土的设计强度等级小于 C60 时,配制强度应按下式确定:

$$f_{cu,0} \geqslant f_{cu,k} + 1.645\sigma \tag{4-1}$$

式中:$f_{cu,0}$——混凝土配制强度,MPa;

$\quad f_{cu,k}$——混凝土立方体抗压强度标准值,MPa;

$\quad \sigma$——混凝土强度标准差,MPa。

遇有下列情况时应提高混凝土配制强度。

a. 现场条件与实验室条件有显著差异。

b. C30 级及其以上强度等级的混凝土,采用非统计方法评定。

混凝土强度标准差宜根据施工单位同类混凝土统计资料计算确定,并应符合下列规定。

a. 计算时,强度试件组数不应少于 25 组。

b. 当混凝土强度等级为 C20 和 C25 级,其强度标准差计算值小于 2.5MPa 时,计算配制强度用的标准差应取不小于 2.5MPa;当混凝土强度等级等于或大于 C30 级,其强度标准差计算值小于 3.0MPa 时,计算配制强度用的标准差应取不小于 3.0MPa。

c. 当无统计资料计算混凝土强度标准差时,其值可根据经验按表 4-4 取用。

表 4-4　混凝土配合比设计时 σ 取值

混凝土强度等级	<C20	C20~C35	>C35
σ/MPa	4.0	5.0	6.0

② 计算水灰比(W/C)

混凝土强度等级小于 C60 级时,混凝土水灰比宜按下式计算:

$$\frac{W}{C} = \frac{\alpha_a f_{ce}}{f_{cu,o} + \alpha_a \alpha_b f_{ce}} \tag{4-2}$$

式中：α_a、α_b——回归系数；

f_{ce}——水泥 28d 抗压强度实测值，MPa。

当不具备上述试验统计资料时，可根据《普通混凝土配合比设计规程》(JGJ 55—2011) 提供的值取用。粗骨料采用碎石时：$\alpha_a = 0.53$，$\alpha_b = 0.20$；粗骨料采用卵石时：$\alpha_a = 0.49$，$\alpha_b = 0.13$。

当胶凝材料 28d 胶砂抗压强度无实测值时，可按下式确定：

$$f_{ce} = \gamma_c \cdot f_{ce,g} \tag{4-3}$$

式中：γ_c——水泥强度等级值的富余系数，可按实际统计资料确定，当无资料时，32.5 级水泥取 1.12，42.5 做水泥取 1.16，5.25 级水泥取 1.10；

$f_{ce,g}$——水泥强度等级值，MPa。

为保证混凝土的耐久性，由式(4-2)计算所得的 W/C 不得大于表 4-5 规定的最大水灰比。如算得的 W/C 大于表 4-5 规定值，应取规定的最大水灰比值。也可以换用强度较低的水泥。

表 4-5　混凝土的最大水胶比和最大水泥用量

环境条件	最大水胶比	最低强度等级	最小水泥用量/kg		
			素混凝土	钢筋混凝土	预应力混凝土
室内干燥环境；无侵蚀性静水浸没环境	0.60	C20	250	280	300
室内潮湿环境；非严寒和非寒冷地区的露天环境；非严寒和非寒冷地区与无侵蚀性的水或土壤直接接触的环境；严寒和寒冷地区的冰冻线以下与无侵蚀性的水或土壤直接接触的环境	0.55	C25	280	300	300
干湿交替环境；水位频繁变动环境；严寒和寒冷地区的露天环境；严寒和寒冷地区冰冻线以上与无侵蚀性的水或土壤直接接触的环境	0.50 (0.55)	C30 (C25)	320		
严寒和寒冷地区冬季水位变动区环境；受除冰盐影响环境；海风环境	0.45 (0.50)	C35 (C30)	330		
盐渍土环境；受除冰盐作用环境；海岸环境	0.40	C40			

③ 选定单位用水量 m_{w0}

塑性混凝土的单位用水量（即每立方米混凝土的用水量）根据施工要求的坍落度和粗骨料品种规格，参考表 4-6 选用。

表 4-6　混凝土单位用水量　　　　　　　　　　　　　　　　单位:kg/m³

拌合物稠度		卵石最大粒径/mm				碎石最大粒径/mm			
项　目	指标	10	20	31.5	40	16	20	31.5	40
坍落度/mm	10～30	190	170	160	150	200	185	175	165
	35～50	200	180	170	160	210	195	185	175
	55～70	210	190	180	170	220	205	195	185
	75～90	215	195	185	175	230	215	205	195

注:(1) 本表用水量系采用中砂时的平均取值,采用细砂时,每立方米混凝土用水量可增加 5～10kg,采用粗砂则可减少 5～10kg。

(2) 掺用各种外加剂或掺和料时,用水量应相应调整。

④ 计算水泥用量(m_{c0})

每立方米混凝土的水泥用量根据计算所得的 W/C 和已确定的用水量,按下式求得:

$$m_{c0} = \frac{m_{w0}}{W/C} \tag{4-4}$$

为保证混凝土的耐久性,由式(4-4)得出的水泥用量还应大于表 4-5 规定的最小水泥量。如算得的水泥用量小于表 4-5 规定值,应取规定的最小水泥用量值。如果算得的水泥用量大于 550kg,应换用强度更高的水泥或考虑掺加外加剂。

提示

根据经验,普通混凝土可以按混凝土强度等级的 1.5～2 倍来选择水泥的强度等级。

⑤ 选择合理的砂率值(β_s)

根据砂率对混凝土拌合物和易性的影响,可以通过试验求出合理砂率。试验是通过变化砂率检测混凝土拌合物的坍落度,能获得最大流动度的砂率为合理砂率。

当无历史资料可参考时,混凝土砂率的确定应符合下列规定:坍落度为 10～60mm 的混凝土砂率,可根据粗骨料品种、粒径及水灰比按表 4-7 选取。

表 4-7　混凝土的砂率　　　　　　　　　　　　　　　　单位:%

水灰比(W/C)	卵石最大粒径/mm			碎石最大粒径/mm		
	10	20	40	16	20	40
0.40	26～32	25～31	24～30	30～35	29～34	27～32
0.50	30～35	29～34	28～33	33～38	32～37	30～35
0.60	33～38	32～37	31～36	36～41	35～40	33～38
0.70	36～41	35～40	34～39	39～44	38～43	36～41

注:(1) 本表数值系中砂的选用砂率,对细砂或粗砂可相应地减少或增大砂率。只用一个单粒级粗骨料配制混凝土时砂率应适当增大。对薄壁构件,砂率取偏大值。本表中的砂率系指砂与骨料总量的重量比。

(2) 坍落度大于 60mm 的混凝土砂率可经试验确定,也可在表 4-7 的基础上,按坍落度每增大 20mm 砂率增大 1% 的幅度予以调整。

(3) 坍落度小于 10mm 的混凝土,其砂率应经试验确定。

⑥ 计算粗、细骨料用量

粗、细骨料用量可用重量法或体积法计算。

a. 当采用重量法（也称假定表观密度法）时应按下式计算：

$$m_{c0} + m_{g0} + m_{s0} + m_{w0} = m_{cp} \tag{4-5}$$

$$\beta_s = \frac{m_{s0}}{m_{g0} + m_{s0}} \tag{4-6}$$

式中：β_s——砂率；

　　m_{cp}——每立方米混凝土拌合物的假定重量，kg，其值可取 2350～2450kg。

b. 当采用体积法（也称绝对体积法）时，应按下式计算：

$$\frac{m_{c0}}{\rho_c} + \frac{m_{s0}}{\rho_s} + \frac{m_{g0}}{\rho_g} + \frac{m_{w0}}{\rho_w} + 0.01a = 1 \tag{4-7}$$

$$\beta_s = \frac{m_{s0}}{m_{g0} + m_{s0}} \tag{4-8}$$

式中：ρ_c——水泥密度，kg/m³，可取 2900～3100kg/m³；

　　ρ_g——粗骨料的表观密度，kg/m³；

　　ρ_s——细骨料的表观密度，kg/m³；

　　ρ_w——水的密度，kg/m³，可取 1000kg/m³；

　　a——混凝土的含气量百分数，在不使用引气型外加剂时，a 可取为 1。

c. 粗骨料和细骨料的表观密度应按《普通混凝土用砂、石质量及检验方法标准》（JGJ 52—2006）规定的方法测定。

通过以上计算，得出每立方米混凝土各种组成材料的用量，即计算配合比。

任务 4.2　混凝土拌合物性能的检测

1. 任务描述

任务 4.1 计算得的配合比是根据经验计算求得的，能否满足施工和易性和设计强度等级的要求，还必须通过试配加以检验，并进行必要的调整。检验、调整和易性，确定基准配合比。

检验混凝土的和易性，必须先按初步配合比进行试配。进行混凝土配合比试配时应采用工程中实际使用的原材料。混凝土的搅拌方法宜与生产时使用的方法相同。试配时，每盘混凝土的最小搅拌量应符合表 4-8 的规定；当采用机械搅拌时，其搅拌量不应小于搅拌机额定搅拌量的 1/4。

表 4-8　混凝土试配的最小搅拌量

骨料最大粒径/mm	拌合物用量/L
31.5	15
40	25

按任务 4.1 算的配合比进行试配时,首先应进行试拌,以检查拌合物的和易性。混凝土拌合物搅拌均匀后测定坍落度,并检查其黏聚性和保水性。如实测坍落度小于或大于设计要求,可保持水灰比不变,增加或减少水和水泥的量;如出现黏聚性和保水性不良,可适当提高砂率;每次调整后再试拌,直到和易性符合要求为止。根据各种材料调整后的用量,提出供强度检验用的基准配合比。

2. 学习目标

(1) 能正确选用和使用检测仪器和设备。

(2) 能掌握坍落度试验的检测方法和步骤。

(3) 能准确判定混凝土拌合物的性能是否合格,并能根据试验结果进行调整。

3. 任务准备

(1) 查阅并下载学习《普通混凝土拌合物性能试验方法标准》(GB/T 50080—2016)。

(2) 仪器准备:选取并检查所用仪器设备。

坍落度筒、捣棒、直尺、铁铲、漏斗等。

(3) 材料准备:根据任务 4.1 的计算配合比计算出试配拌合料所需各材料用量。

4. 任务分组

根据任务分组情况完成表 4-9。

表 4-9　任务分组表

班级			组号		
组长			学号		
	学号	姓名		学号	姓名
组员					
任务分工					

5. 任务实施（理论测试）

引导问题1：混凝土拌合物的和易性包括_____、_____和_____三个方面的含义。

引导问题2：测定混凝土拌合物和易性的方法有_____法或_____法。

引导问题3：水泥混凝土的基本组成材料有_____、_____、_____和_____。

引导问题4：混凝土坍落度试验是测定集料最大粒径不大于_____、坍落度值不小于_____的塑性混凝土拌合物的性能。

引导问题5：坍落度试验从开始装料到提起坍落度筒的整个过程应不间断地进行，并应在_____内完成。

6. 任务实施（技能操作）

根据任务要求完成表4-10。

表 4-10　混凝土拌合物性能的检测

任务名称	混凝土拌合物性能的检测	试验日期	
天气情况		室内温度	
任务目的			
任务准备			
任务实施			
整改措施			

> **试验小提示**
>
> （1）称量要精确，取用水泥时要轻拿轻放，注意防尘。
> （2）注意拌合材料时的加料顺序，尤其是注意水的加入方法。
> （3）注意操作步骤的要求及操作时间的控制。
> （4）保持实训室卫生，试验完毕后清洗仪器，整理操作面。

7. 混凝土坍落度数据处理

操作结束后完成表4-11。

表 4-11　混凝土坍落度数据处理

	混凝土配合比	搅拌用量/mL	各材料用量/g				拌合物工作性		
			水泥	砂	石	水	坍落度测定值/mm	黏聚性	保水性
试验数据记录	各材料质量/g	初次拌和							
	坍落度测定	第一次调整							
		第二次调整							
	黏聚性判定								
	保水性判定								
调整情况	不需调整(若调整，写明如何调整？调整后拌合物性能如何？)								
备注	此计算配合比可作为强度试验用基准配合比。（若经调整，写明调整后配合比）								

8. 评价反馈

学生进行自评，评价是否能掌握混凝土拌合物的性能相关知识、是否能完成混凝土拌合物性能的检测和正确填写检测报告。教师对学生进行的评价内容包括：报告书写是否工整规范，报告内容数据是否出自实训、是否真实合理、阐述是否详细、认识体会是否深刻，试验结果分析是否合理，是否起到了实训的作用。

（1）学生进行自我评价，并将结果填入表4-12中。

表 4-12　学生自评表

班级		姓名		学号		组别	
学习任务	混凝土拌合物性能的检测						

续表

评 价 项 目	评 价 标 准	分值	得分
试验原材料的配制	能正确计算所需各材料用量	10	
检测仪器的选取	能正确选用仪器，安全操作仪器	10	
检测过程的规范性	能根据检测步骤进行检测	20	
工作态度	工作态度端正，无缺勤、迟到、早退现象	15	
工作质量	能按计划时间完成工作任务	15	
协调能力	与小组成员、同学之间能合作交流、协调工作	10	
职业素质	能做到安全生产、爱护公物、工完场清	10	
创新意识	能对检测过程进行合理的小结，并对检测过程中不合理现象进行分析并作出及时调整	10	
合　计		100	

（2）学生以小组为单位，对以上学习任务的过程和结果进行互评，将互评结果填入表 4-13 中。

表 4-13　学生互评表

学习任务	混凝土拌合物性能的检测		
评 价 项 目	评 价 标 准	分值	得分
计划的合理性	是否能合理地编排检测计划	10	
检测的准确性	检测过程是否正确	10	
团队合作	是否具有良好的合作意识	20	
组织有序	组员之间配合是否默契	15	
工作质量	检测质量良好与否	15	
工作效率	工作效率是否符合要求	10	
工作规范	是否按照检测规范进行检测，安全操作，工完场清	10	
成果展示	能否将检测成果进行拍照并在全班展示，分析检测过程中的得失	10	
合　计		100	

（3）教师对学生工作过程和工作结果进行评价，并将评价结果填入表 4-14 中。

表 4-14　教师综合评价表

班级		姓名		学号		组别	
学习任务	混凝土拌合物性能的检测						
评 价 项 目	评 价 标 准					分值	得分
考勤	无迟到、早退、旷课现象					10	
工作过程	态度认真,工作积极主动					10	
	安全意识,规范意识					10	
	仪器调试、检测规范,操作无误					10	
	工完场清的职业精神					10	
	组员间协作与配合、沟通表达、团队意识					10	
项目成果	数据分析准确,检测项目完整					40	
合　计						100	

9. 学习任务相关知识点

混凝土拌合物必须具有良好的和易性,便于施工并获得均匀而密实的混凝土,保证混凝土的强度和耐久性。

1）和易性的概念

和易性是指混凝土拌合物易于施工操作(拌合、运输、浇灌、捣实)并能获得质量均匀、成型密实的性能。和易性是一项综合的技术性质,包括流动性、黏聚性和保水性三方面的含义。

（1）流动性:是指混凝土拌合物在本身自重或施工机械振捣的作用下,能产生流动,并均匀密实地填满模板的性能。流动性的大小取决于混凝土拌合物中用水量或水泥浆含量的多少。流动性通常用稠度来表示。

（2）黏聚性:是指混凝土拌合物在施工过程中因其组成材料之间有一定的黏聚力,使其不致产生分层和离析的性能。

离析是指混凝土拌合物在运输、泵送、振捣、凝结过程中出现各组分分离,造成不均匀和失去连续性的现象。离析通常有两种形式:一种是粗骨料从拌合物中分离;另一种是稀水泥浆从拌合物中淌出。

黏聚性的优劣主要取决于细骨料的用量以及水泥浆的稠度等。黏聚性一般通过直观观察,根据经验进行评定。

（3）保水性:是指混凝土拌合物在施工过程中,能够保持水分不致产生严重泌水的性能。

2）和易性的测定与评价

由于和易性是一项综合的技术性质,目前还没有找到能够全面反映混凝土拌合物和易性的测定方法。通常是通过测定拌合物的流动性(即稠度),并辅以直观经验来评定黏聚性和保水性,或通过泌水量和泌水率指标定量评价混凝土拌合物的保水性。

根据《普通混凝土拌合物性能试验方法标准》(GB/T 50080—2016)的规定，混凝土拌合物的稠度一般可以采用坍落度、维勃稠度法测定。

（1）坍落度

将混凝土拌合物按规定方法装入标准的无底圆锥筒中，装满刮平后，向上垂直提起圆锥筒，混凝土拌合物因自重而向下坍落。测量坍落的尺寸即为坍落度，以 mm 为单位。坍落度越大，则混凝土拌合物的流动性越大。

在做坍落度试验的同时，应观察混凝土拌合物的黏聚性、保水性情况，以便全面评定混凝土拌合物的和易性。坍落度法适用于骨料最大粒径不大于 40mm，坍落度值不小于 10mm 的混凝土拌合物。

根据《混凝土质量控制标准》(GB 50164—2011)，按坍落度的不同，可将混凝土拌合物分为：T4 级大流动性混凝土，坍落度大于 160mm；T3 级流动性混凝土，坍落度为 100～150mm；T2 级塑性混凝土，坍落度为 50～90mm；T1 级低塑性混凝土，坍落度为 10～40mm。坍落度值小于 10mm 的拌合物为干硬性混凝土。

（2）维勃稠度法

本方法适用于骨料最大粒径不大于 40mm，维勃稠度在 5～30s 的混凝土拌合物稠度的测定。

在维勃稠度仪上的坍落度筒中按规定方法装满拌合物，垂直提起坍落度筒，在拌合物试体顶面放一透明圆盘，开启振动台，同时用秒表计时，在透明圆盘的底面完全被水泥浆布满的瞬间停止秒表，关闭振动台。此时可认为混凝土拌合物已密实，秒表的秒数称为维勃稠度。

3）影响混凝土拌合物和易性的因素

（1）水泥品种

在水泥用量和用水量一定的情况下，采用矿渣水泥或火山灰水泥拌制的混凝土拌合物，其流动性比用普通水泥时小，这是因为前者水泥的密度较小，所以在相同水泥用量时，它们的绝对体积较大，因此在相同用水量情况下，混凝土就显得较稠，若要二者达到相同的坍落度，前者每立方米混凝土的用水量必须增加一些，另外，矿渣水泥拌制的混凝土拌合物泌水性较大。

（2）用水量

在水胶比不变的前提下，用水量加大，则水泥浆量增多，会使骨料表面包裹的水泥浆层厚度加大，从而减小骨料间的摩擦，增加混凝土拌合物的流动性。大量试验证明，当水胶比在一定范围(0.40～0.80)内而其他条件不变时，混凝土拌合物的流动性只与单位用水量(每 m³ 混凝土拌合物的拌合水量)有关，这一现象称为"恒定用水量法则"。它为混凝土配合比设计中单位用水量的确定提供了一种简单的方法，即单位用水量可主要由流动性来确定。现行行业标准《普通混凝土配合比设计规程》(JGJ 55—2011)提供的塑性混凝土用水量见表 4-15。

（3）外加剂

混凝土拌合物掺入减水剂或引气剂，流动性明显提高，引气剂还可以有效改善混凝土拌合物的黏聚性和保水性，二者还分别对硬化混凝土的强度与耐久性起着十分有利的作用。

表 4-15　塑性混凝土用水量　　　　　　　　　　　　　单位：kg/m³

拌合物稠度		卵石最大粒径/mm				碎石最大粒径/mm			
项　目	指　标	10.0	20.0	31.5	40.0	16.0	20.0	31.5	40.0
坍落度/ mm	10～30	190	170	160	150	200	185	175	165
	35～50	200	180	170	160	210	195	185	175
	55～70	210	190	180	170	220	205	195	185
	75～90	215	195	185	175	230	215	205	195

注：(1) 本表用水量是采用中砂时的取值。采用细砂时，每立方米混凝土用水量可增加 5～10kg；采用粗砂时，可减少5～10kg。

(2) 掺用矿物掺和料和外加剂时，用水量应相应调整。

(4) 砂率

砂率是指混凝土中砂的质量占砂石总质量的百分率。砂率的变动会使骨料的总表面积和空隙率发生很大的变化，从而对新拌混凝土的和易性产生显著的影响。

在混凝土中水泥砂浆不变的情况下，若砂率过大，则由于骨料总表面积和空隙率的增大而使水泥浆量相对显得不足，骨料颗粒表面的水泥浆层将变薄，从而减弱了水泥浆的润滑作用，混凝土就变得干稠，流动性变小。若砂率过小，则砂浆量不足以包裹石子表面且不能填满石子间空隙，从而降低混凝土拌合物的流动性，并严重影响其黏聚性和保水性，使其产生骨料离析、水泥浆流失，甚至溃散等现象。因此，在配制混凝土时，应选用一个合理砂率，合理砂率的选取可参照表 4-16。

表 4-16　混凝土的砂率　　　　　　　　　　　　　单位：%

水胶比	卵石最大公称粒径/mm			碎石最大公称粒径/mm		
	10.0	20.0	40.0	16.0	20.0	40.0
0.40	26～32	25～31	24～30	30～35	29～34	27～32
0.50	30～35	29～34	28～33	33～38	32～37	30～35
0.60	33～38	32～37	31～36	36～41	35～40	33～38
0.70	36～41	35～40	34～39	39～44	38～43	36～41

注：(1) 本表数值是中砂的选用砂率，对细砂或粗砂，可相应地减小或增大砂率。

(2) 采用人工砂配制混凝土时，砂率可适当增大。

(3) 只用一个单粒级粗骨料配制混凝土时，砂率应适当增大。

(5) 骨料的性质

骨料性质是指混凝土所用骨料的品种、级配、颗粒粗细及表面形状等。在混凝土骨料用量一定的情况下，采用卵石和河砂拌制的混凝土拌合物，其流动性比碎石和山砂拌制得好。用级配好的骨料拌制的混凝土拌合物和水性好，用细砂拌制的混凝土拌合物的流动性较差，但黏聚性和保水性好。

（6）环境条件

新搅拌混凝土的工作性，在不同的施工环境条件下往往会发生变化。尤其是当前推广使用的集中搅拌商品混凝土，与现场搅拌最大的不同就是，要经过长距离的运输才能到达施工面。在这个过程中，若空气湿度较小、气温较高、风速较大，混凝土的工作性就会因失水而发生较大的变化。

（7）时间

搅拌拌制的混凝土拌合物，随着时间的延长会变得越来越干稠，坍落度将逐渐减小，这是由于拌合物中的一些水分逐渐被骨料吸收，一部分被蒸发，以及水泥的水化与凝聚结构的逐渐形成等作用所致。

4）改善混凝土拌合物和易性的措施

根据影响混凝土拌合物和易性的因素，可采取以下相应的技术措施来改善混凝土拌合物的和易性。

（1）尽可能降低砂率（采用合理砂率）。

（2）改善砂、石（特别是石子）的级配。

（3）尽量采用较粗的砂、石。

（4）当混凝土拌合物坍落度太小时，维持水灰比不变，适当增加水泥和水的用量；当拌合物坍落度太大，但黏聚性良好时，可保持砂率不变，适当增加砂、石。

试验 4.1　混凝土拌合物性能检测

对实际工程的混凝土拌合物性能进行检验，样品必须在施工现场抽取，检测也应该在施工现场完成；如果是进行混凝土配合比设计，或对混凝土配合比进行验证，混凝土拌合物应由检测室拌制，检测应该在检测室内规定环境条件下进行，也可在检测室内模拟现场环境进行。

1. 一般规定

（1）骨料最大公称粒径应符合现行标准《普通混凝土用砂、石质量及检验方法标准》（JGJ 52—2006）的规定。

（2）试验环境相对湿度不宜小于 50%，温度应保持在（20±5）℃；所用材料、试验设备、容器及辅助设备的湿度宜与实验室湿度保持一致。

（3）制作混凝土拌合物性能试验用试样时，所采用的搅拌机应符合现行行业标准《混凝土试验用搅拌机》（JG 244—2009）的规定。

2. 仪器设备

（1）混凝土坍落度仪（图 4-1）：由坍落筒、装料漏斗、捣棒组成。坍落筒为整体铸造或钢板卷制的接头圆锥形，顶部内径 100mm，底部内径 200mm，高 300mm，底板面积不小于 500mm×500mm，捣棒直径 16mm，长 600mm，端部呈半球形；平尺和测量标尺也可用钢直尺代替。

（2）拌板、铁锹等。

（3）钢直尺：长 600mm，分度值 1mm。

图 4-1　混凝土坍落度仪

3. 检测步骤

（1）坍落度筒内壁和底板上应润湿无明水；底板应放置在坚实的水平面上，并把坍落筒放在底板中心，然后用脚踩住两边的脚踏板，坍落度筒在装料时应保持固定的位置。

（2）混凝土拌合物试样应分三层均匀地装入筒内，每装一层混凝土拌合物，应用捣棒由边缘到中心按螺旋形均匀插捣 25 次，捣实后每层混凝土拌合物试样高度约为筒高的三分之一。

（3）插捣底层时，捣棒应贯穿整个深度，插捣第二层和顶层时，捣棒应插透本层至下一层的表面。

（4）顶层混凝土拌合物装料应高出筒口，插捣过程中，如混凝土沉落到低于筒口面，则应随时添加。

（5）顶层插捣完后，卸下漏斗，刮去多余的混凝土，并用抹刀抹平。

（6）清除筒边底板上的混凝土后，垂直平稳地提起坍落度筒；当试样不再继续坍落或坍落时间达 30s 时，用钢尺测量出筒高与坍落后的混凝土试体的最高点之间的高度差，作为该混凝土拌合物的坍落度值。

（7）坍落度筒的提离过程宜控制在 3～7s；从开始装料到提坍落度筒的整个过程应连续进行，并应在 150s 内完成。

（8）坍落度筒提离后，如混凝土发生崩坍或一边剪坏的现象，则应重新取样另行测定。如第二次试验仍出现上述现象，应予记录说明。

4. 数据处理与分析

混凝土拌合物坍落度值以 mm 为单位，测量值精确至 1mm，结果表达修约至 5mm。

任务 4.3　混凝土强度的检测

1. 任务描述

任务 4.2 的基准配合比仅满足了和易性的要求，能否满足强度和耐久性要求，还需进一步检验和调整。

强度检验至少采用三个不同的配合比，其中一个为基准配合比，另外两个配合比的水灰比宜较基准配合比分别增加和减少 0.05；用水量应与基准配合比相同，砂率可分别增加和减少 1%。当不同水灰比的混凝土拌合物坍落度与要求值的差值超过允许偏差时，可通过增、减用水量进行调整。

进行混凝土强度试验时，每种配合比至少应制作一组（三块）试件，标准养护到 28d 时试压。

2. 学习目标

（1）能正确使用检测仪器和设备。

（2）能正确记录试验数据。

（3）能对试验数据进行处理和分析。

3. 任务准备

（1）查阅并下载学习《普通混凝土力学性能试验方法》（GB/T 50081—2010）。

（2）仪器准备：选取并检查所用仪器设备。

（3）材料准备：按任务 4.2 得到的基准配合比，根据任务 4.3 的要求配制试件成型所需各材料用量。

4. 任务分组

根据任务分组情况完成表 4-17。

表 4-17　任务分组表

班级		组号	
组长		学号	
组员	学号	姓名	学号	姓名
任务分工				

5. 任务实施（理论测试）

引导问题 1：混凝土按其强度的大小进行分类，包括＿＿＿＿＿＿混凝土、＿＿＿＿＿＿混凝土和＿＿＿＿＿＿混凝土。

引导问题 2：混凝土的立方体抗压强度是以边长为＿＿＿＿＿＿ mm 的立方体试件，在温度为＿＿＿＿＿＿℃,相对湿度为＿＿＿＿＿＿以上的潮湿条件下养护＿＿＿＿＿＿d，用标准试验方法测定的抗压极限强度，用符号＿＿＿＿＿＿表示，单位为＿＿＿＿＿＿。

引导问题 3：普通混凝土立方体强度测试，采用 100mm×100mm×10mm 的试件，其强度换算系数为＿＿＿＿＿＿。

引导问题 4：混凝土立方体抗压强度值精确到＿＿＿＿＿＿MPa。

引导问题 5：普通混凝土抗压强度试验是以＿＿＿＿＿＿个试件为一组。

6. 任务实施(技能操作)

根据任务要求完成表 4-18。

表 4-18　混凝土强度的检测

任务名称	混凝土强度的检测		试验日期	
天气情况			室内温度	
任务目的				
任务准备				
任务实施				
整改措施				

> **试验小提示**
>
> (1) 试件从养护地点取出后及时进行试验。
>
> (2) 注意承压面的选取。
>
> (3) 注意加荷速度的控制及停止加压时间的判定。
>
> (4) 保持实训室卫生,试验完毕后清洗仪器,整理操作面。

7. 混凝土抗压强度数据处理

操作结束后完成表 4-19。

表 4-19　混凝土抗压强度数据处理

试验数据记录	混凝土配合比				搅拌用量/mL	
	原材料	水泥	砂	石	水	
	各材料质量/g					
	试件编号					
	试件尺寸/mm	长				
		宽				
	最大荷载 F/N					
	抗压强度/MPa					
结果评定						

8. 评价反馈

学生进行自评，评价是否能掌握混凝土力学性能相关知识、是否能完成混凝土抗压强度的检测和正确填写检测报告。老师对学生进行的评价内容包括：报告书写是否工整规范，报告内容数据是否真实合理、阐述是否详细、认识体会是否深刻，试验结果分析是否合理，是否起到了实训的作用。

（1）学生进行自我评价，并将结果填入表 4-20 中。

表 4-20　学生自评表

班级		姓名		学号		组别	
学习任务		混凝土强度的检测					
评价项目		评价标准				分值	得分
预复习情况		能正确查阅资料，能正确解答基础知识				10	
检测仪器的选取		能正确选用仪器，安全操作仪器				10	
检测过程的规范性		能根据检测步骤进行检测				20	
工作态度		工作态度端正，无缺勤、迟到、早退现象				15	
工作质量		能按计划时间完成工作任务				15	
协调能力		与小组成员、同学之间能合作交流、协调工作				10	
职业素质		能做到安全生产、爱护公物、工完场清				10	
创新意识		能对检测过程进行合理的小结，并对检测过程中不合理现象进行分析并作出及时调整				10	
合　计						100	

（2）学生以小组为单位，对以上学习任务的过程和结果进行互评，将互评结果填入表 4-21 中。

表 4-21　学生互评表

学习任务	混凝土强度的检测		
评价项目	评价标准	分值	得分
计划的合理性	是否能合理地编排检测计划	10	
检测的准确性	检测过程是否正确	10	
团队合作	是否具有良好的合作意识	20	
组织有序	组员之间配合是否默契	15	
工作质量	检测质量良好与否	15	
工作效率	工作效率是否符合要求	10	
工作规范	是否按照检测规范进行检测，安全操作，工完场清	10	
成果展示	能否将检测成果进行拍照并在全班展示，分析检测过程中的得失	10	
合　计		100	

（3）教师对学生工作过程和工作结果进行评价，并将评价结果填入表 4-22 中。

表 4-22　教师综合评价表

班级		姓名		学号		组别	
学习任务	混凝土强度的检测						
评价项目	评价标准					分值	得分
考勤	无迟到、早退、旷课现象					10	
工作过程	态度认真，工作积极主动					10	
	安全意识，规范意识					10	
	仪器调试、检测规范，操作无误					10	
	工完场清的职业精神					10	
	组员间协作与配合、沟通表达，团队意识					10	
项目成果	数据分析准确，检测项目完整					40	
合　计						100	

9. 学习任务相关知识点

1）混凝土立方体抗压强度

强度是混凝土最重要的力学性质，包括抗压强度、抗折强度和抗拉强度。其中立方体抗压强度是混凝土划分等级的主要依据，是最主要的强度指标。

（1）立方体抗压强度和强度等级

根据《混凝土物理力学性能试验方法标准》（GB/T 50081—2019）的规定，混凝土立方体抗压强度采用混凝土立方体试件测定，每组试件由 3 个立方体试块组成，标准试件的立方体边长为 150mm，可以根据骨料的最大粒径按表 4-23 制作非标准尺寸的试件。

表 4-23　混凝土抗压强度试件尺寸选用表

立方体试件边长/mm	骨料最大粒径/mm	尺寸换算系数
100	31.5	0.95
150	40	—
200	63	1.05

试件的尺寸是由试模来保证的。试模应符合现行行业标准《混凝土试模》（JG 237—2008）的有关规定，当混凝土强度等级不低于 C60 时，宜采用铸铁或铸钢试模成型。

试件在标准方法养护至 28d 龄期时（从搅拌加水开始计时），测量受压面尺寸后，放入压力试验机中试压，测得破坏荷载 F，除以受压截面积 A，即为混凝土立方体抗压强度，混凝土立方体试件抗压强度按下式计算：

$$f_c = \frac{F_P}{A} \tag{4-9}$$

式中：f_c——混凝土立方体试件抗压强度，MPa；

　　F_P——破坏荷载，N；

　　A——试件承压面积，mm^2。

混凝土立方体试件抗压强度的计算应精确至 0.1MPa。

一组试件的抗压强度值（也称抗压强度代表值），是根据 3 个立方体抗压强度，按如下方法确定。

① 三个试件测值的算术平均值作为该组试件的强度值（精确至 0.1MPa）。

② 三个测值中的最大值或最小值中如有一个与中间值的差值超过中间值的 15%，则把最大及最小值一并舍除，取中间值作为该组试件的抗压强度值。

③ 如最大值和最小值与中间值的差均超过中间值的 15%，则该组试件的试验结果无效。

对于普通混凝土，如果采用了非标准试件，抗压强度值还应乘以表 4-23 中相应的尺寸换算系数。

《混凝土强度检验评定标准》（GB/T 50107—2010）规定，混凝土的强度等级应按立方体抗压强度标准值划分。立方体抗压强度标准值系指对按标准方法制作和养护的边长为 150mm 的立方体试件，在 28d 龄期，用标准试验方法测得的抗压强度总体分布中的一个值，强度低于该值的百分率不超过 5%。混凝土强度等级采用符号 C 与立方体抗压强度标准值（以 N/mm^2 计）表示。

（2）影响混凝土强度的因素

混凝土受压破坏可能有三种形式：骨料与水泥石界面的黏结破坏、水泥石本身的破坏和骨料发生破坏。试验证明，混凝土的受压破坏形式通常是前两种，这是因为骨料强度一般都大大超过水泥石强度和黏结面的黏结强度。所以混凝土强度主要取决于水泥石强度和水泥石与骨料表面的黏结强度。而水泥石强度、水泥石与骨料表面的黏结强度又与水泥强度等级、水灰比、骨料性质等有密切关系，此外还受施工工艺、养护条件、龄期等多种因素的影响。影响混凝土强度的因素主要有以下几种。

① 水泥强度等级和水灰比是影响混凝土强度最重要的因素。

在混凝土配合比相同的条件下，所用的水泥强度等级越高，制成的混凝土等级也越高；在水泥强度等级相同的情况下，水灰比越小，混凝土的强度越高。但应说明，如果水灰比太小，拌合物过于干硬，无法保证施工质量，将使混凝土中出现较多的蜂窝、孔洞，显著降低混凝土的强度和耐久性。试验证明，混凝土的强度在一定范围内，随水灰比的增大而降低，呈曲线关系；而混凝土强度与灰水比的关系，则呈直线关系。

瑞士学者保罗米通过大量试验研究，应用数理统计的方法，提出了混凝土强度与水泥强度等级及水灰比之间的关系式，即混凝土强度公式：

$$f_{cu,28} = \alpha_a f_{ce}(C/W - \alpha_b) \tag{4-10}$$

式中：$f_{cu,28}$——混凝土 28d 龄期立方体抗压程度，MPa；

f_{ce}——水泥实际强度，MPa，f_{ce} 可通过试验确定，也可根据 $f_{ce} = \gamma_c f_{ce,g}$ 计算；

C——每立方米混凝土中水泥用量，kg；

W——每立方米混凝土中水的用量，kg；

α_a、α_b——经验系数，与骨料品种有关，当采用碎石时：$\alpha_a = 0.53$，$\alpha_b = 0.20$；采用卵石时：$\alpha_a = 0.49$，$\alpha_b = 0.13$。

利用式（4-9）可解决两个方面的问题：一是当所采用胶凝材料的实际强度和粗骨料的种类已知，欲配置某种强度等级（已知）的混凝土时，可以计算所要配置混凝土的水灰比；二是当已知所采用的胶凝材料实际强度和水灰比时，可以估计混凝土 28d 可能达到的立方体抗压程度。

② 养护的温度与湿度。

混凝土强度的增长过程是水泥的水化和凝结硬化的过程，必须在一定的温度与湿度条件下进行。混凝土如果在干燥环境中养护，会失水干燥而影响水泥的正常水化，甚至停止水化。这不仅严重降低混凝土的强度，而且会引起干缩裂缝和结构疏松，从而影响耐久性。而在湿度较大的环境中养护混凝土，则会使混凝土的强度提高。

在保证足够湿度的情况下，养护温度不同，对混凝土强度影响也不同。温度升高，水泥水化速度加快，混凝土强度增长也加快；温度降低，水泥水化作用延缓，混凝土强度增长也较慢。当温度降至 0℃ 以下时，混凝土中的水分大部分结冰，不仅强度停止发展，而且混凝土内部还可能因结冰膨胀而破坏，使混凝土的强度大大降低。

为了保证混凝土的强度持续增长，必须在混凝土成型后一定时间内，周围环境维持一定的温度和湿度。冬季施工，尤其要注意采取保温措施；夏季施工的混凝土，要经常洒水保持混凝土试件潮湿。

> **注意**
>
> 为了使混凝土正常硬化,必须在成型后一定时间内使周围环境有一定温度和湿度,《混凝土结构工程施工质量验收规范》(GB 50204—2015)规定,混凝土浇筑完毕后,应在12h以内进行覆盖并浇水养护。

③ 养护时间(龄期)。

混凝土在正常养护条件下,强度将随龄期的增长而提高。混凝土的强度在最初的3～7d内增长较快,28d后逐渐变慢,只要保持适当的温度和湿度,其强度会一直有所增长。一般以混凝土28d的强度作为设计强度值。

在标准养护条件下,混凝土强度大致与龄期的对数成正比,计算式如下:

$$\frac{f_{cu,n}}{\log n} = \frac{f_{cu,28}}{\log 28} \tag{4-11}$$

式中:$f_{cu,n}$——nd 龄期混凝土的立方体抗压强度,MPa;

　　　$f_{cu,28}$——28d 龄期混凝土的立方体抗压强度,MPa;

　　　n——龄期天数,$n \geqslant 3$。

式(4-10)适用于在标准条件下养护的由通用水泥拌制的中等强度等级的混凝土。由于混凝土强度影响因素很多,强度发展也很难一致,因此该公式仅供参考。

④ 骨料的种类、质量、表面状况。

当骨料中含有杂质较多,或骨料材质低劣、强度较低时,混凝土的强度将降低。表面粗糙并富有棱角的骨料,与水泥石的黏结力较强,可提高混凝土的强度。所以在相同混凝土配合比的条件下,用碎石拌制的混凝土强度比用卵石拌制的混凝土强度高。

⑤ 试验条件。

试验条件,如试件尺寸、试件承压面的平整度及加荷速度等,都对测定混凝土的强度有影响。试件尺寸越小,测得的强度越高;尺寸越大,测得的强度越低。试件承压面越光滑平整,测得的抗压强度越高;如果受压面不平整,会形成局部受压使测得的强度降低。加荷速度速度越快,测得的强度越高。当试件表面涂有润滑剂时,测得的强度降低。因此,在测定混凝土的强度时,必须严格按照国家规定的试验规程进行,以确保试验结果的准确性。

(3) 混凝土强度评定

根据《混凝土强度检验评定标准》(GB/T 50107—2010)的规定,混凝土强度应分批进行检验评定。一个验收批的混凝土应由强度等级相同、龄期相同以及生产工艺条件和配合比基本相同的混凝土组成。对施工现场的现浇混凝土,应按单位工程的验收项目划分验收批,每个验收项目应按《建筑工程施工质量验收统一标准》(GB 50300—2013)确定。

混凝土强度评定分统计方法和非统计方法两种。

① 统计方法评定。

a. 当混凝土的生产条件在较长时间内能保持一致(比如在商品混凝土公司或混凝土预制构件厂等),且同一品种混凝土的强度变异性能保持稳定时,应由连续的三组试件组成一个验收批,其强度应同时满足下列要求。

$$\overline{f_{cu}} \geqslant f_{cu,k} + 0.7\sigma_0 \tag{4-12}$$

$$f_{cu,min} \geqslant f_{cu,k} - 0.7\sigma_0 \tag{4-13}$$

当混凝土强度等级不高于 C20 时,其强度的最小值尚应满足下式要求。

$$f_{cu,min} \geqslant 0.90 f_{cu,k} \tag{4-14}$$

当混凝土强度等级高于 C20 时,其强度的最小值尚应满足下式要求。

$$f_{cu,min} \geqslant 0.85 f_{cu,k} \tag{4-15}$$

式中:f_{cu}——同一验收批混凝土立方体抗压强度的平均值,N/mm²;

$f_{cu,k}$——混凝土立方体抗压强度标准值,N/mm²;

σ_0——验收批混凝土立方体抗压强度的标准差,N/mm²;

$f_{cu,min}$——同一验收批混凝土立方体抗压强度的最小值,N/mm²。

b. 当混凝土的生产条件在较长时间内不能保持一致(大多数的建设工程项目都属于这一范畴),且混凝土强度变异性不能保持稳定时,或在前一个检验期内的同一品种混凝土没有足够的数据用以确定验收批混凝土立方体抗压强度的标准差时,应由不少于 10 组的试件组成一个验收批,其强度应同时满足下列要求。

$$\overline{R} - \lambda_1 s \geqslant R_D \tag{4-16}$$

$$R_{min} \geqslant \lambda_2 R_D \tag{4-17}$$

$$s = \sqrt{\sum_{i=1}^{n} \frac{(R_i - \overline{R})^2}{n-1}} \tag{4-18}$$

式中:R——同批 n 组试件强度的平均值,MPa;

s——同批 n 组试件强度的标准差,MPa;

当 $S < 0.06 R_D$ 时,取 $S = 0.06 R_D$;

R_D——混凝土设计强度等级,MPa;

R_{min}——n 组试件中强度最低一组的值,MPa;

R_i——第 i 组混凝土的抗压强度值,MPa;

λ_1、λ_2——合格判定系数(见表 4-24)。

表 4-24　混凝土强度的合格判定系数

试件组数	10～14	15～19	>20
λ_1	1.15	1.05	0.95
λ_2	0.90	0.85	

② 非统计方法评定。

当样本容量小于 10 组时,应采用非统计方法评定混凝土强度。按非统计方法评定混凝土强度时,应同时满足下列要求。

$$\overline{f_{cu}} \geqslant 1.15 f_{cu,k} \tag{4-19}$$

$$f_{cu,min} \geqslant 0.95 f_{cu,k} \tag{4-20}$$

式中：f_{cu}——同一验收批混凝土立方体抗压强度的平均值，N/mm^2；

$f_{cu,k}$——混凝土立方体抗压强度标准值，N/mm^2；

$f_{cu,min}$——同一验收批混凝土立方体抗压强度的最小值，N/mm^2。

一旦选用了某种方法进行评定，如果检验结果满足该方法的规定时，判定该批混凝土强度合格；当不能满足相应规定时，该批混凝土强度不合格。

由不合格批混凝土制成的结构或构件，应进行鉴定。对不合格的结构或构件必须及时处理。

2）混凝土的耐久性

在建筑工程中不仅要求混凝土要具有足够的强度来安全地承受荷载，还要求混凝土要具有与环境相适应的耐久性来延长建筑物的使用寿命。混凝土的耐久性是一项综合技术指标，包括抗渗性、抗冻性、抗侵蚀性及抗碳化性及混凝土碱—集料反应等。

（1）混凝土的抗渗性

混凝土的抗渗性是指混凝土抵抗压力液体（水、油等）渗透的能力。抗渗性是混凝土耐久性的一项重要指标，它直接影响混凝土的抗冻性和抗侵蚀性。当混凝土的抗渗性较差时，不但容易透水，而且由于水分渗入内部，当有冰冻作用或水中含侵蚀性介质时，混凝土就容易受到冰冻或侵蚀作用而破坏。对钢筋混凝土还可能引起钢筋的锈蚀，以及保护层的开裂和剥落。

混凝土的抗渗性用抗渗等级表示。抗渗等级是以 28d 龄期的标准混凝土抗渗试件，按规定试验方法，以不渗水时所能承受的最大水压（MPa）来确定。混凝土的抗渗等级用代号P 表示，如 P2、P4、P6、P8、P10、P12 等不同的抗渗等级，分别表示能抵抗 0.2MPa、0.4MPa、0.6MPa、0.8MPa、1.0MPa、1.2MPa 的水压力而不出现渗透现象。

混凝土内部连通的孔隙、毛细管和混凝土浇筑形成的孔洞、蜂窝等，都会引起混凝土渗水，因此提高混凝土密实度、改变孔隙结构、减少连通孔隙是提高混凝土抗渗性的重要措施。

（2）混凝土的抗冻性

混凝土的抗冻性是指混凝土在水饱和状态下，能经受多次冻融循环作用而不破坏，同时也不严重降低强度的性能。在寒冷地区，尤其是经常与水接触、容易受冻的外部混凝土构件，应具有较高的抗冻性。

混凝土的抗冻性用抗冻等级表示。抗冻等级是以 28d 龄期的混凝土标准试件，在浸水饱和状态下，进行冻融循环试验，以同时满足强度损失率不超过 25%，质量损失率不超 5%时的最大循环次数来表示。混凝土的抗冻等级分为 F25、F50、F100、F150、F200、F250、F300 七个等级。如 F100 表示混凝土能够承受反复冻融循环次数为 100 次，强度下降不超过 25%，质量损失不超 5%。

混凝土的抗冻性与混凝土的密实程度、水灰比、孔隙特征和数量有关。一般来说，密实的、具有封闭孔隙的混凝土，抗冻性较好；水灰比越小，混凝土的密实度越高，抗冻性也越好；在混凝土中加入引气剂或减水剂，能有效提高混凝土抗冻性。

（3）混凝土的抗侵蚀性

混凝土的抗侵蚀性是指混凝土抵抗外界侵蚀性介质破坏作用的能力。当工程所处的环境有侵蚀介质时，对混凝土必须提出抗侵蚀性要求。

混凝土的抗侵蚀性与所用水泥的品种、混凝土的密实程度、孔隙特征等有关。密实性好的、具有封闭孔隙的混凝土，抗侵蚀性好。提高混凝土的抗侵蚀性应根据工程所处环境合理选择水泥品种。

（4）混凝土的碳化性能

混凝土的碳化作用是指混凝土中的氢氧化钙与空气中的二氧化碳作用生成碳酸钙和水，使表层混凝土的碱度降低。

影响碳化速度的环境因素是二氧化碳浓度及环境湿度等，碳化速度随空气中二氧化碳浓度的增高而加快。在相对湿度50%～75%环境中，碳化速度最快；当相对湿度达100%或相对湿度小于25%时，碳化作用停止。混凝土的碳化还与所用水泥品种有关，在常用水泥中，火山灰水泥碳化速度最快，普通硅酸盐水泥碳化速度最慢。

碳化对混凝土有不利影响，碳化减弱了混凝土对钢筋的保护作用，可能导致钢筋锈蚀；碳化还会引起混凝土的收缩，并可能导致产生微细裂缝。碳化作用对混凝土也有一些有利的影响，主要是提高了碳化层的密实度和抗压强度。总的来说，碳化对混凝土的影响弊多利少，因此应设法提高混凝土的抗碳化能力。为防止钢筋锈蚀，钢筋混凝土结构构件必须设置足够的混凝土保护层。

（5）混凝土的碱-骨料反应

水泥中的碱（Na_2O、K_2O）与骨料中的活性二氧化硅发生反应，生成碱-硅酸凝胶，当其吸水后产生体积膨胀（体积可增加3倍以上），从而导致混凝土产生膨胀开裂而破坏，这种反应称为碱-骨料反应。

混凝土中的碱-骨料反应进行缓慢，有一定潜伏期，通常要经过若干年后才会发现，而一旦发生便难以阻止，故有混凝土"癌症"之称。重要工程的混凝土所使用的粗、细骨料，应进行碱活性检验。

产生碱-骨料反应的原因：一是水泥中碱（Na_2O、K_2O）的含量较高；二是骨料中含有活性二氧化硅成分；三是存在水分的作用，在干燥情况下，混凝土不可能发生碱-骨料膨胀反应，因此潮湿环境中的混凝土结构尤其须注意碱-骨料反应的危害。

预防措施如下。

① 控制水泥的碱含量和降低水泥用量。

② 掺入活性混合材料，减少混凝土的膨胀。

③ 选用非活性骨料。

④ 使混凝土处于干燥状态。

试验 4.2　普通混凝土抗压强度试验

1. 试验采用的标准

混凝土抗压强度试验目前采用《混凝土物理力学性能试验方法标准》（GB/T 50081—

2019）。

2. 主要仪器设备

1）压力试验机

压力试验机符合《液压式万能试验机》（GB/T 3159—2008）中的技术要求，其测量精度为±0.1%，试验破坏荷载应大于压力机全量程的20%且不小于全量程的80%。

2）试模

试模符合《混凝土试模》（JG 237—2008）中的有关规定。

3. 试件的制作

（1）试件成型前，应检查试模的尺寸并应符合有关规定；应将试模擦拭干净，在其内壁上均匀地涂刷一薄层矿物油或其他不与混凝土发生反应的隔离剂，试模内壁隔离剂应均匀分布，不应有明显沉积。

（2）混凝土拌合物在入模前应保证其匀质性。

（3）宜根据混凝土拌合物的稠度或试验目的确定适宜的成型方法，混凝土应充分密实，避免分层离析。

① 振动台振实成型。将混凝土拌合物一次装入试模，装料时应用抹刀沿试模内壁插捣，并使混凝土拌合物高出试模上口。试模应附着或固定在振动台上，振动时应防止试模在振动台上自由跳动，振动应持续到表面出浆且无明显大气泡溢出为止，不得过振。

② 人工捣实成型。拌合物分两层装入试模，每层厚度大致相等。插捣按螺旋方向从边缘向中心均匀进行。插捣底层时，捣棒应达到试模底面；插捣上层时，捣棒应穿入下层深度20～30mm。插捣时，捣棒应保持垂直，不得倾斜。每层插捣次数按10 000mm² 面积应不少于12次。插捣后应用橡皮锤轻轻敲击试模四周，直至插捣棒留下的空洞消失为止。

4. 试件的养护

（1）试件成型抹面后应立即用塑料薄膜覆盖表面，或采取其他保持试件表面湿度的方法。

（2）试件成型应在温度为（20±5）℃、相对湿度大于50%的室内静置1～2d，试件静置期间应避免受到振动和冲击，静置后编号标记、拆模，当试件有严重缺陷时，应按废弃处理。

（3）试件拆模后应立即放入温度为（20±2）℃、相对湿度为95%以上的标准养护室中养护，或在温度为（20±2）℃的不流动氢氧化钙饱和溶液中养护。标准养护室内试件应放在支架上，彼此间隔10～20mm，试件表面应保持潮湿，但不得用水直接冲淋试件。

（4）试件的养护龄期可分为 1d、3d、7d、28d、56d、60d、84d、90d、180d 等，也可根据设计龄期或需要进行确定，龄期应从搅拌加水开始计时。

5. 抗压试验步骤

（1）试件从养护地点取出后，应尽快进行试验。

（2）试件放置试验机前，应将试件表面与上、下承压板面擦拭干净。

（3）以试件成型时的侧面为承压面，应将试件安放在试验机的下压板或垫板上，试件的中心应与试验机下压板中心对准。

（4）启动试验机，试件表面与上、下承压板或钢垫板应均匀接触。

（5）试验过程中应持续而均匀地加荷，加荷速度应取 0.3～1.0MPa/s。当立方体抗压强度小于 30MPa 时，加荷速度宜取 0.3～0.5MPa/s；立方体抗压强度为 30～60MPa 时，加荷速度宜取 0.5～0.8MPa/s；立方体抗压强度不小于 60MPa 时，加荷速度宜取 0.8～1.0MPa/s。当试件接近破坏而开始迅速变形时，应停止调整试验机油门，直至试件破坏，然后记录破坏荷载 F。

6. 结果计算与数据处理

（1）混凝土立方体试件抗压强度按下式计算：

$$f_{cc} = \frac{F}{A} \tag{4-21}$$

式中：f_{cc}——混凝土立方体试件抗压强度，MPa；

　　F——破坏荷载，N；

　　A——试件承压面积，mm^2。

混凝土立方体试件抗压强度的计算应精确至 0.1MPa。

（2）以三个试件算术平均值作为该组试件的抗压强度值。三个试件中的最大值或最小值中，如有一个与中间值的差异超过中间值的 15％，则把最大值及最小值一并舍去，取中间值作为该组试件的抗压强度值。如最大值、最小值与中间值的差均超过中间值的 15％，则该组试件的试验结果无效。

项目 5　建筑砂浆的性能检测

项目描述

建筑砂浆是由水泥基胶凝材料、细骨料、水以及根据性能确定的其他组分按适当比例配合、拌制并经硬化而成的工程材料。

目前工程中常用的建筑砂浆主要有水泥砂浆和水泥混合砂浆。建筑砂浆中,将砖、石、砌块等黏结成为砌体的砂浆称为砌筑砂浆。砌筑砂浆起着胶结块材和传递荷载的作用,是砌体的重要组成部分。涂抹在建筑物或建筑构件的表面,兼有保护基层、满足使用要求和增加美观作用的砂浆称为抹面砂浆。

砂浆在凝结硬化前称为砂浆拌合物,硬化以后称为硬化砂浆,通常简称为砂浆。砂浆拌合物的基本性能主要有流动性、稳定性(保水性)、表观密度和凝结时间等;硬化砂浆的基本性能主要有抗压强度、黏结强度等。

项目内容

本项目的主要内容包括砂浆的基本性质、砂浆的技术参数与检测标准、砌筑砂浆配合比设计方法。通过本项目的训练,学生可达到如下知识目标、能力目标和素养要求。

知识目标

(1)了解建筑砂浆的基本性质、技术要求与检测标准。

(2)掌握建筑砂浆检测的方法、步骤。

(3)掌握砌筑砂浆配合比设计方法。

能力目标

(1)能够抽取建筑砂浆检测的试样。

(2)能够对建筑砂浆常规检测项目进行检测,精确读取检测数据。

(3)能够按标准要求对检测数据进行处理,并评定检测结果。

(4)能够填写规范的检测原始记录并出具规范的检测报告。

素养要求

(1)通过项目实施过程中的咨询、初步方案设计培养学生资料查阅能力、经济成本意识和自我学习的能力。

(2)通过项目实施过程中的检测、小组汇报等环节培养学生安全操作意识、严谨的工作态度、团队合作精神、吃苦耐劳的精神和环境保护意识。

任务 5.1 砌筑砂浆配合比的设计

1. 任务描述

用于砌筑某烧结空心砖墙的水泥混合砂浆，要求强度等级为 M10，已知施工稠度为 70～100mm，使用 32.5 的矿渣硅酸盐水泥，强度富余系数为 1.1，采用河砂的中砂，堆积密度为 1480kg/m³，含水率为 3％，石灰膏稠度为 110mm，使用自来水，施工水平一般。计算砌筑砂浆的初步配合比。

2. 学习目标

(1) 熟悉《砌筑砂浆配合比设计规程》(JGJ/T 98—2010)。

(2) 掌握砌筑砂浆配合比设计要求及步骤。

(3) 能进行砌筑砂浆配合比的设计。

3. 任务实施(理论测试)

引导问题 1：混合砂浆的基本组成材料包括_____、_____、_____和_____。

引导问题 2：在进行砂浆配制时，应合理选择砂浆原材料，在满足技术性质要求的前提下，尽量减少_____的使用量，实现砂浆经济性的要求。

引导问题 3：每立方米砂浆中的用水量可根据砂浆稠度等的要求，一般选择_____kg。

引导问题 4：砌筑砂浆为改善其和易性和节约水泥用量，常掺入_____。

4. 任务实施(技能操作)

根据任务要求完成表 5-1。

表 5-1 砌筑砂浆配合比设计及试配原始记录

试验编号		样品名称		样品编号	
强度等级		设计稠度		工程部位	
成型环境		试件规格		检测依据	
主要设备					

材料情况	水泥		砂	掺和料	
	品种等级：		规格： 堆积密度：	名称：	

| 配合比
计算式 | 1. 计算配制强度 $f_{cu,o}=kf_2=$
2. 计算每立方米砂浆中水泥用量 Q_c $Q_c=\dfrac{1000(f_{m,0}-\beta)}{\alpha f_e}$ $c_e=\gamma_c f_{ce,k}$
3. 计算每立方米砂浆中石灰膏泥用量 Q_D $Q_D=Q_A-Q_C$
4. 计算每立方米砂浆中砂用量 $Q_s=$
5. 确定每立方米砂浆中水用量 $Q_w=$ |

续表

试件尺寸		试配体积/L		试配方法	
计算配合比	材料名称	水泥	砂	石灰膏	水
	每立方米砂浆材料用量/kg				
	重量配合比				
	试配重量/kg				

5. 评价反馈

学生进行自评，评价是否掌握砂浆配合比设计方法、是否能按照配合比设计步骤正确完成砂浆配合比的设计、有无任务遗漏。老师对学生进行的评价内容包括：报告书写是否工整规范，报告内容数据是否真实合理、结果是否正确，是否达到本次任务的要求。

（1）学生进行自我评价，并将结果填入表 5-2 中。

表 5-2　学生自评表

班级		姓名		学号		组别	
学习任务		砌筑砂浆配合比的设计					
评价项目		评价标准			分值		得分
预习情况		理论测试题完成及掌握情况			10		
规范标准的选用		能利用网络查找并下载最新规范			10		
表格的正确填写		能正确选择及填写数据			10		
方法、步骤的掌握		能正确按步骤进行设计			20		
工作态度		工作态度端正，无缺勤、迟到、早退现象			15		
工作质量		能按计划时间完成工作任务			15		
职业素质		能做到计算过程科学严谨、数据有据可查			10		
创新意识		能灵活应用原始资料，不按部就班进行设计			10		
合　计					100		

（2）教师对学生工作过程和工作结果进行评价，并将评价结果填入表 5-3 中。

表 5-3　教师综合评价表

班级		姓名		学号		组别	
学习任务		砌筑砂浆配合比的设计					

续表

评价项目	评价标准	分值	得分
考勤	无迟到、早退、旷课现象	10	
工作过程	课前预复习情况	10	
	规范意识	10	
	数据填写是否规范、清晰	10	
	数据查找是否有据可查	10	
项目成果	数据计算完整准确性	50	
合　计		100	

6. 学习任务相关知识点

砌筑砂浆的配合比设计包括现场拌制的砂浆配合比设计和预拌砂浆的配合比设计两部分。考虑到目前建筑工程中使用的砂浆多是现场拌制的砂浆,因此以下只介绍现场拌制的砌筑砂浆的配合比设计。

现场拌制的砂浆配合比确定的方法通常有两种:一种是通过有关资料、手册等选择砂浆配合比;另一种就是对于重要工程用砂浆或当无参考资料时,则根据《砌筑砂浆配合比设计规程》(JGJ/T 98—2010)规定的配合比确定方法,通过计算、试拌调整的方式综合确定。以下以计算法为例介绍砌筑砂浆配合比的确定步骤和方法。

1) 砌筑砂浆配合比的基本要求

砂浆的配合比应根据原材料的性能、砂浆的技术要求、块体的种类及施工条件等因素综合确定。其具体应满足以下要求。

(1) 满足和易性及拌合物表观密度的要求。砌筑砂浆的表观密度应满足表 5-4 的要求,稠度应满足表 5-5 的要求,保水率应满足表 5-6 的要求。

(2) 满足设计强度和耐久性的要求。硬化后的砌筑砂浆强度应满足设计强度的要求,耐久性应满足工程使用环境的要求,对于具有抗冻性要求的砌体工程用砂浆,还应进行冻融试验,其抗冻性应满足表 5-7 的要求。当设计对抗冻性有明确要求时,还应符合设计规定。

表 5-4　砌筑砂浆的表观密度

砂浆种类	表观密度/(kg/m^3)
水泥砂浆	≥1900
水泥混合砂浆	≥1800
预拌砌筑砂浆	≥1800

表 5-5　砌筑砂浆的施工稠度

砌 体 种 类	施工稠度/mm
烧结普通砖砌体、粉煤灰砖砌体	70～90
混凝土砖砌体、普通混凝土小型空心砌块砌体、灰砂砖砌体	50～70
烧结多孔砖砌体、烧结空心砖块砌体、轻集料混凝土小型空心砌块砌体、蒸压加气混凝土砌块砌体	60～80
石砌体	30～50

表 5-6　砌筑砂浆的保水率

砂 浆 种 类	保水率/%
水泥砂浆	≥80
水泥混合砂浆	≥84
预拌砌筑砂浆	≥88

表 5-7　砌筑砂浆的抗冻性

使 用 条 件	抗冻指标	质量损失率/%	抗压强度损失率/%
夏凉冬暖地区	F15		
夏热冬冷地区	F25	≤5	≤25
寒冷地区	F35		
严寒地区	F50		

（3）满足经济性的要求。应合理选择砂浆原材料，在满足技术性质要求的前提下，尽量减少水泥和掺合料的使用量，实现砂浆经济性的要求。

2）现场配制砌筑砂浆的初步配合比确定

（1）现场配制的水泥混合砂浆初步配合比设计。

① 计算砂浆试配强度 $f_{m,0}$。

$$f_{m,0} = kf_2 \qquad (5-1)$$

式中：$f_{m,0}$——砂浆的试配强度，MPa，精确至 0.1MPa；

　　　f_2——砂浆设计强度即砂浆强度等级值，MPa，精确至 0.1MPa；

　　　k——反映砂浆施工质量管理水平的系数，按表 5-8 的规定选用。

表 5-8　砂浆强度标准差 σ 和质量管理水平系数 k 选用值表

施工水平	强度标准差 σ/MPa							k
	M5.0	M7.5	M10	M15	M20	M25	M30	
优良	1.00	1.50	2.00	3.00	4.00	5.00	6.00	1.15
一般	1.25	1.88	2.50	3.75	5.00	6.25	7.50	1.20
较差	1.50	2.25	3.00	4.50	6.00	7.50	9.00	1.25

② 砂浆强度标准差的确定。无历史统计资料时,砂浆强度标准差按表 5-8 选用;有历史统计资料时,按式(5-2)计算。

$$\sigma = \sqrt{\frac{\sum_{i=1}^{n} f_{mi}^2 - \mu_{fm}^2}{n-1}}$$

(5-2)

式中:n——统计周期内同一品种砂浆试件的总组数,$n \geqslant 25$;

f_{mi}——统计周期内同一品种砂浆第 i 组试件的强度,MPa,精确至 0.1MPa;

μ_{fm}——统计周期内同一品种砂浆 n 组试件的强度平均值,MPa,精确至 0.1MPa;

σ——混凝土强度标准差,MPa,精确至 0.1MPa。

③ 计算每立方米砂浆中的水泥用量。每立方米砂浆中的水泥用量按式(5-3)计算。

$$Q_c = \frac{1000(f_{m,0} - \beta)}{\alpha f_{ce}}$$

(5-3)

式中:Q_c——每立方米砂浆的水泥用量,kg,精确至 0.1kg;

$f_{m,0}$——砂浆的试配强度,MPa,精确至 0.1MPa;

f_{ce}——水泥的实测强度,MPa,精确至 0.1MPa,在无法取得水泥的实测强度时,可按式 $f_{ce} = \gamma_c f_{ce,k}$ 计算,$f_{ce,k}$ 为水泥强度等级值,MPa;γ_c 为水泥强度等级值的富余系数,宜按实际统计资料确定,无统计资料时可取 1.0;

α、β——砂浆的特征系数,通常取 $\alpha=3.03$,$\beta=-15.09$。

注意

各地区可用本地区的试验资料确定 α、β,统计用的试验组数不得少于 30 组。

④ 计算每立方米砂浆中的石灰膏用量。每立方米砂浆中的石灰膏用量按式(5-4)计算。

$$Q_D = Q_A - Q_C$$

(5-4)

式中:Q_D——每立方米砂浆的石灰膏用量,kg,精确至 1kg;

Q_C——每立方米砂浆的水泥用量,kg,精确至 1kg;

Q_A——每立方米砂浆中胶凝材料和石灰膏总量,kg,精确至 1kg。

大量试验及工程施工实例表明,为了保证砂浆的保水性能,满足保水率的要求,砌筑砂浆的胶凝材料及掺合材料总用量要满足表 5-9 的要求。

表 5-9 砌筑砂浆的凝胶材料和掺合材料总用量

砂 浆 种 类	1m³ 砂浆的材料用量/kg	材 料 种 类
水泥砂浆	≥200	水泥
水泥混合砂浆	≥350	水泥和石灰膏、电石膏等材料
预拌砌筑砂浆	≥200	胶凝材料包括水泥、粉煤灰等所有活性矿物掺合材料

《砌筑砂浆配合比设计规程》(JG/T 98—2010)中规定石灰膏的稠度一般为(120±5)mm，若稠度不在规定范围内，按照表5-10的换算系数进行换算。

表5-10　石灰膏不同稠度时的换算系数

稠度/mm	120	110	100	90	80	70	60	50	40	30
换算系数	1.00	0.99	0.97	0.95	0.93	0.92	0.90	0.88	0.87	0.86

⑤ 计算每立方米砂浆的砂用量 Q_s。每立方米砂浆中的砂用量应以干燥状态（含水率小于 0.5%）的堆积密度值作为计算值，以 kg/m³ 计。

⑥ 确定每立方米砂浆的用水量。每立方米砂浆中的用水量可根据砂浆稠度等要求，一般选择 210～310kg。

> **注意**
> ① 水泥混合砂浆中有用水量不包括石灰膏中的水。
> ② 当采用细砂可或粗砂时，用水量分别取上限或下限。
> ③ 当稠度小于 70mm 时，用水量可小于下限。
> ④ 施工现场气候炎热或在干燥季节施工时，可酌量增加用水量。

(2) 现场配制的水泥砂浆的试配规定。现场配制的水泥砂浆的材料用量应满足表5-11的要求。

表5-11　1m³ 水泥砂浆材料用量参考值

强度等级	水泥用量/kg	砂的用量/kg	用水量/kg
M5	200～230		
M7.5	230～260		
M10	260～290		
M15	290～330	参考砂的堆积密度值	270～330
M20	340～400		
M25	360～410		
M30	430～480		

实际施工中，以表5-8的规定为依据，具体还应综合考虑砂的粗细程度、砂浆稠度和施工气候温度等实际情况，适当增减用水量。

> **注意**
> ① 制作 M15 及 M15 以下强度等级的水泥砂浆时，水泥强度等级为 32.5 级；制作 M15 以上强度等级的水泥砂浆时，水泥强度等级为 42.5 级。
> ② 当采用细砂或粗砂时，用水量分别取上限或下限。
> ③ 当稠度小于 70mm 时，用水量可小于下限。
> ④ 施工现场气候炎热或干燥季节施工时，可酌量增加用水量。

（3）现场配制的水泥粉煤灰砂浆的试配规定。现场配制的水泥粉煤灰砂浆的材料用量参考表 5-12 选用。

表 5-12　1m³ 水泥粉煤灰砂浆各种材料用量参考值

强度等级	水泥和粉煤灰用量/kg	粉煤灰/kg	砂子用量/kg	用水量/kg
M5	210～240	粉煤灰掺量可占胶凝材料总量的 15%～25%	参考砂的堆积密度值	270～330
M7.5	240～270			
M10	270～300			
M15	300～330			

注:(1) 表中水泥强度等级为 32.5 级。

(2) 当采用细砂或粗砂时,用水量分别取上限或下限。

(3) 当稠度小于 70mm 时,用水量可小于下限。

(4) 施工现场气候炎热或干燥季节时,可酌量增加用水量。

任务 5.2　砌筑砂浆拌合物性能的检测

1. 任务描述

按任务 5.1 计算得的配合比进行试拌,按《建筑砂浆基本性能试验方法标准》(JGJ/T 70—2009)规定,分别测定不同配合比砂浆的表观密度,满足水泥混合砂浆密度不小于 1800kg/m³ 的要求。

测定的试配砂浆的稠度和保水率应满足设计和施工要求;若不满足要求,则应调整材料用量直到符合要求为止,然后确定该配合比为试配时的砂浆基准配合比。

2. 学习目标

（1）能正确选用和使用检测仪器和设备。

（2）能掌握砂浆拌合料的检测方法和步骤。

（3）能准确判定砂浆拌合料的性能是否合格,并能根据试验结果进行调整。

3. 任务准备

（1）查阅并下载学习《建筑砂浆基本性能试验方法标准》(JGJ/T 70—2009)。

（2）仪器准备:选取并检查所用仪器设备。

砂浆稠度测定仪、捣棒、砂浆分层度筒、水泥胶砂振动台、漏斗木槌等。

（3）材料准备:根据任务 5.1 的计算配合比计算出试配拌合料所需各材料用量。

4. 任务分组

根据任务分组情况完成表 5-13。

表 5-13　任务分组表

班级		组号	
组长		学号	

续表

	学号	姓名	学号	姓名
组员				
任务分工				

5. 任务实施(理论测试)

引导问题1：混凝土的流动性大小用_____指标来表示，砂浆的流动性大小用_____指标来表示。

引导问题2：砌筑砂浆的保水性指标用_____表示。

6. 任务实施(技能操作)

根据任务要求完成表5-14。

表 5-14　砌筑砂浆拌合物性能的检测

任务名称	砌筑砂浆拌合物性能的检测	试验日期	
天气情况		室内温度	
任务目的			
任务准备			

续表

任务实施	
整改措施	

试验小提示

（1）称量要精确，取用水泥时要轻拿轻放，注意防尘。

（2）注意操作步骤的要求及操作时间的控制。

（3）保持实训室卫生，试验完毕后清洗仪器，整理操作面。

7. 砂浆稠度、分层度数据处理

操作结束后完成表 5-15。

表 5-15　砂浆稠度、分层度数据处理

	砂浆配合比				搅拌用量/mL			
试验数据记录	各材料质量/g	水泥	石灰膏	砂	水	沉入度/mm		
						1	2	平均值
	分层度测定	试验次数	静置或振动前稠度 K_1/mm		静置或振动后稠度 K_2/mm			分层度/mm
		1						
		2						
结果评定								

8. 评价反馈

学生进行自评,评价是否能掌握砂浆拌合物的性能相关知识、是否能完成砂浆拌合物性能的检测和正确填写检测报告。老师对学生进行的评价内容包括:报告书写是否工整规范,报告内容数据是否出自实训、是否真实合理、阐述是否详细、认识体会是否深刻,试验结果分析是否合理,是否起到了实训的作用。

(1) 学生进行自我评价,并将结果填入表5-16中。

表 5-16   学生自评表

班级		姓名		学号		组别	
学习任务	砌筑砂浆拌合物性能的检测						
评 价 项 目	评 价 标 准				分值	得分	
试验原材料的配制	能正确计算所需各材料用量				10		
检测仪器的选取	能正确选用仪器,安全操作仪器				10		
检测过程的规范性	能根据检测步骤进行检测				20		
工作态度	工作态度端正,无缺勤、迟到、早退现象				15		
工作质量	能按计划时间完成工作任务				15		
协调能力	与小组成员、同学之间能合作交流、协调工作				10		
职业素质	能做到安全生产、爱护公物、工完场清				10		
创新意识	能对检测过程进行合理的小结,并对检测过程中不合理现象进行分析并作出及时调整				10		
合　计					100		

(2) 学生以小组为单位,对以上学习任务的过程和结果进行互评,将互评结果填入表5-17中。

表 5-17   学生互评表

学习任务	砌筑砂浆拌合物性能的检测			
评 价 项 目	评 价 标 准		分值	得分
计划的合理性	是否能合理地编排检测计划		10	
检测的准确性	检测过程是否正确		10	
团队合作	是否具有良好的合作意识		20	
组织有序	组员之间配合是否默契		15	
工作质量	检测质量良好与否		15	
工作效率	工作效率是否符合要求		10	
工作规范	是否按照检测规范进行检测,安全操作,工完场清		10	

续表

评价项目	评价标准	分值	得分
成果展示	能否将检测成果进行拍照并在全班展示,分析检测过程中的得失	10	
合　计		100	

（3）教师对学生工作过程和工作结果进行评价,并将评价结果填入表 5-18 中。

表 5-18　教师综合评价表

班级		姓名		学号		组别	
学习任务	砌筑砂浆拌合物性能的检测						
评价项目	评价标准				分值	得分	
考勤	无迟到、早退、旷课现象				10		
工作过程	态度认真,工作积极主动				10		
	安全意识,规范意识				10		
	仪器调试、检测规范,操作无误				10		
	工完场清的职业精神				10		
	组员间协作与配合、沟通表达,团队意识				10		
项目成果	数据分析准确,检测项目完整				40		
合　计					100		

9. 学习任务相关知识点

1）砌筑砂浆的分类

砌筑砂浆是指将砖、石、砌块等黏结成砌体的砂浆。砌筑砂浆用于砌体结构,主要起着黏结和传递应力的作用。砌筑砂浆按照供应形式的不同可分为现场配制砂浆和预拌砂浆两种。

（1）现场配制砂浆

现场配制砂浆是指根据设计和施工的具体要求,在现场取料、现场拌制并使用的砂浆。根据所用胶凝材料的不同,其可分为水泥砂浆和水泥混合砂浆两种。

（2）预拌砂浆

预拌砂浆又称商品砂浆,包括预拌湿砂浆和干粉砂浆两种。

① 预拌湿砂浆。预拌湿砂浆又称湿拌砂浆,是指由水泥、细集料、保水增稠材料、外加剂和水,以及根据需要掺入的矿物掺合料(如粉煤灰)等组分按一定比例,在集中搅拌站(厂)经计量、拌制后,用搅拌运输车运至使用地点,放入封闭容器中储存,并在规定时间内使用完毕的砂浆拌合物。

② 干粉砂浆。干粉砂浆又称砂浆干粉(混)料或干混砂浆,是指由专业生产厂生产的,

经干燥筛分处理的细集料与水泥、保水增稠材料及根据需要掺入的外加剂、矿物掺合料（如粉煤灰）等组分按一定比例，在专业生产厂混合而成的固态混合物，在使用地点按规定比例加水或配套液体拌合使用的砂浆。

2）砌筑砂浆的组成材料

（1）胶凝材料

砌筑砂浆的胶凝材料包括水泥、石灰等无机胶凝材料，具体选用哪种胶凝材料，则需要根据工程设计和使用环境条件确定。

① 水泥。水泥是砌筑砂浆的主要胶凝材料。用于砌筑砂浆的水泥品种和强度等级需根据砂浆的使用部位和强度等级确定。M15 及以下强度等级的砌筑砂浆宜选用通用硅酸盐水泥或砌筑水泥，以 32.5 级为宜；M15 以上强度等级的砌筑砂浆宜选用 42.5 级通用硅酸盐水泥。

需要注意的是，用于砂浆的水泥强度等级越高，其使用量将相应越少。过少的水泥用量会导致施工和易性变差，给施工操作带来不便。

② 石灰。在石灰砂浆中，石灰起着胶凝材料的作用。但有时根据工程需要，在水泥砂浆中要掺入适量的生石灰或生石灰粉，它们一方面起着胶凝材料的作用，另一方面是起着改善砂浆和易性的作用。但为了保证砂浆质量，使用前必须将生石灰、生石灰粉熟化成石灰膏，要求膏体稠度以（120±5）mm 为宜，并需经 3mm×3mm 的筛网过滤；生石灰熟化时间不得少于 7d；磨细生石灰粉的熟化时间不得小于 2d。严禁使用已经干燥、脱水硬化、冻结或遭受污染的石灰膏生产砂浆。

（2）集料

用于制作砂浆的集料为天然砂。所选天然砂一定要符合现行行业标准《普通混凝土用砂、石质量及检验方法标准》（JGJ 52—2006）的规定，且应全部通过 4.75mm 方孔筛。

用于石砌体结构的砂浆，其集料的最大粒径应控制在砂浆层厚度的 1/5～1/4；砖砌体结构用砂浆，其集料颗粒粒径应为小于 2.36mm 的中砂，细度模数为 2.3～3.0。此外，还应严格控制砂的含泥量，因为含泥量过大，不但会增加砂浆的水泥用量，还会使砂浆的和易性变差，导致硬化后的砂浆收缩值增大，耐久性降低。

（3）水

配制砂浆用水与混凝土相同。未经试验检测的非洁净水、生活污水、工业废水等均不准用于配制和养护砂浆。

（4）掺和材料

砂浆的掺和材料通常包括粉煤灰、粒化高炉矿渣粉、电石膏等。掺合材料在砂浆中可以起着提高强度和改善和易性的双重作用。其掺和材料的质量要求与掺入水泥混凝土中的掺和材料相同。

（5）保水增稠材料

保水增稠材料主要用于预拌砂浆，目的是改善预拌砂浆的施工和易性和保水性能，常使用的保水增稠材料是非石灰类物质。

（6）外加剂

为了改善砂浆的和易性，制作砂浆时还经常掺入适宜的外加剂，所用外加剂的品种和

掺量必须通过试验确定。例如,砂浆中掺入的100%纯度的微沫剂用量宜为其水泥用量的
$0.5 \times 10^{-4} \sim 1.0 \times 10^{-4}$。

3)砌筑砂浆的技术性质

为了实现砌筑砂浆在砌体工程中所起的作用,其必须满足新拌砂浆的表观密度及和易性要求,以及硬化砂浆的强度和黏结力要求。

(1)砌筑砂浆的表观密度

砌筑砂浆的表观密度要求见表5-4。

(2)和易性

砂浆的和易性是指砂浆在施工过程中易于操作并能保证施工质量的性质。和易性好的砂浆在运输和施工操作过程中不会出现分层、离析和泌水等现象,能均匀密实地填满灰缝并在砌块底面上铺成均匀的薄层,形成具有较高黏结强度的砌体。

砂浆的和易性包括稠度和保水性两个方面。

① 稠度,又称流动性,是指新拌砂浆在自重或外力作用下流动的性能,用沉入度表示,以砂浆稠度仪测定,单位是mm。砂浆沉入度值越大,表明砂浆越稀,流动性越大。

影响砂浆稠度的因素主要有胶凝材料的品种与数量、掺合料的品种与数量、砂的粗细与级配状况、用水量及搅拌时间等。当其他材料确定后,流动性主要取决于用水量,施工中常以用水量的多少来控制砂浆的稠度。

《砌筑砂浆配合比设计规程》(JGJ/T 98—2010)规定,砌筑砂浆的施工稠度应根据砌体材料的种类确定,并满足表5-5的要求。

② 保水性,砂浆的保水性是指新拌砂浆保持其内部水分的性能。保水性不好的砂浆,在运输、停放、砌筑过程中,一方面不容易保留住水分,容易出现泌水现象;另一方面在施工中,不易铺抹成均匀的薄层,降低了砂浆与砌体间的黏结力,破坏了砌体结构的整体性。

砂浆的保水性能用保水率衡量。保水率的测定方法是用规定流动度范围的新拌砂浆按规定的方法进行吸水处理,以吸水处理后保留在砂浆中的水的质量占原始水量的质量百分数来表示。保水率值越大,表明砂浆保持水分的能力越强。《砌筑砂浆配合比设计规程》(JGJ/T 98—2010)对砌筑砂浆的保水率规定见表5-6。

大量试验及工程施工实例表明,为了保证砂浆的保水性能,满足保水率的要求,砌筑砂浆的胶凝材料及掺和材料总用量要满足表5-9的要求。

(3)强度

砂浆在砌体结构中主要起着传递应力的作用,因此,工程上常以抗压强度作为砂浆的主要技术指标。

《砌筑砂浆配合比设计规程》(JGJ/T 98—2010)规定,砂浆的抗压强度等级是以边长为70.7mm的立方体试块在标准养护条件温度为(20±3)℃,相对湿度为90%以上,用标准试验方法测得的28d龄期的抗压强度值确定的。

按照《砌筑砂浆配合比设计规程》(JGJ/T 98—2010)的规定,水泥砂浆及预拌砌筑砂浆的强度分为M30、M25、M20、M15、M10、M7.5、M5共7个等级;水泥混合砂浆的强度分为M15、M10、M7.5、M5共4个等级。

通常,办公室、教学楼等工程宜用M5~M10砂浆;地下室及工业厂房多用M5~M10

砂浆；检查井、雨水井等可用 M5 砂浆；特别重要的砌体才使用 M10 以上的砂浆。

砌筑砂浆的强度除了受砂浆组成材料性质及其用量影响外，还受所砌筑的基层材料的吸水性能影响。当砂浆摊铺在密实不吸水的石砌体基底上时，其强度主要取决于水泥强度和胶水比的大小；而当砂浆摊铺在多孔的、易吸水的砖砌体基底上时，因基底材料的吸水能力较砂浆的保水能力强，因此砂浆中的一部分水分被砖砌体吸收，此时砂浆的强度主要取决于水泥的强度和用量。

（4）黏结力

砂浆的黏结力是指砂浆与砌体材料间黏结强度的大小。黏结力不但影响砌体的抗剪强度和稳定性，还会影响结构的抗震性能、抗裂性能和耐久性能。

通常，砂浆的强度等级越高其黏结力越大；在良好的养护条件下，表面粗糙的、洁净的、湿润状态良好的砌块与砂浆间的黏结力较大。

试验 5.1 砂浆稠度、分层度测定方法

1. 稠度试验

1）所用仪器规定

（1）砂浆稠度测定仪：如图 5-1 所示，由试锥、盛装容器和支座三部分组成。试锥由钢材或铜材制成，试锥高度为 145mm、锥底直径为 75mm，试锥连同滑杆的重量应为（300±2）g；盛载砂浆容器由钢板制成，筒高为 180mm、锥底内径为 150mm；支座分底座、支架及刻度盘三个部分由铸铁、钢及其他金属制成。

（2）钢制捣棒：直径 10mm、长 350mm，端部磨圆。

（3）秒表等。

2）稠度试验步骤

（1）用少量润滑油轻擦滑杆，再将滑杆上多余的油用吸油纸擦净，使滑杆能自由滑动。

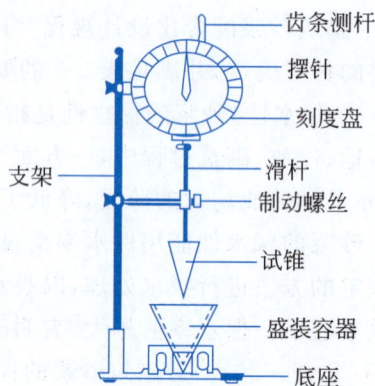

图 5-1 砂浆稠度测定仪

（2）用湿布擦净盛装容器和试锥表面，将砂浆拌合物一次装入容器，使砂浆表面低于容器口约 10mm。用捣棒自容器中心向边缘均匀地插捣 25 次，然后轻轻地将容器摇动或敲击 5～6 下，使砂浆表面平整，再将容器置于稠度测定仪的底座上。

（3）拧松制动螺丝，向下移动滑杆，当试锥尖端与砂浆表面刚接触时，拧紧制动螺丝，使齿条侧杆下端刚接触滑杆上端，读出刻度盘上的读数（精确至 1mm）。

（4）拧松制动螺丝，同时计时间，10s 时立即拧紧螺丝，将齿条测杆下接触滑杆上端，从刻度盘上读出下沉深度（精确至 1mm），二次读数的差值即为砂浆的稠度值。

（5）盛装容器内的砂浆，只允许测定一次稠度，重复测定时，应重新取样测定。

3）稠度试验结果确定要求

（1）取两次试验结果的算术平均值，精确至 1mm。

（2）如两次试验值之差大于 10mm，应重新取样测定。

2. 分层度试验

1）所用仪器

（1）砂浆分层度测定仪（图 5-2）内径为 150mm，上节高度为 200mm，下节带底净高为 100mm，用金属板制成，上、下层连接处需加宽到 3～5mm，并设有橡胶热圈。

（2）振动台：振幅为(0.5±0.05)mm，频率为(50±3)Hz。

（3）稠度仪、木锤等。

2）分层度试验步骤

（1）将砂浆拌合物按稠度试验方法测定稠度。

（2）将砂浆拌合物一次装入分层度筒内，待装满

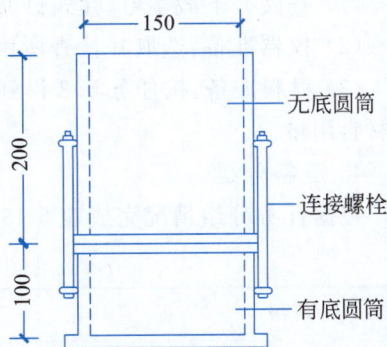

图 5-2　砂浆分层度测定仪

后，用木锤在容器周围距离大致相等的四个不同部位轻轻敲击 1～2 下，如砂浆沉落到低于筒口，则应随时添加，然后刮去多余的砂浆并用抹刀抹平。

（3）静置 30min 后，去掉上节 200mm 砂浆，剩余的 100mm 砂浆倒出放在拌合锅内拌 2min，再按稠度试验方法测其稠度。前后测得的稠度之差即为该砂浆的分层度值（mm）。

> **注意**
>
> 　也可采用快速法测定分层度，其步骤是：①按稠度试验方法测定稠度；②将分层度筒预先固定在振动台上，砂浆一次装入分层度筒内，振动 20s；③然后去掉上节 200mm 砂浆，剩余 100mm 砂浆倒出放在拌合锅内拌 2min，再按稠度试验方法测其稠度，前后测得的稠度之差即为该砂浆的分层度值。如有争议时，以标准法为准。

3）分层度试验结果确定要求

（1）取两次试验结果的算术平均值作为该砂浆的分层度值。

（2）两次分层度试验值之差如大于 10mm，应重新取样测定。

任务 5.3　砂浆强度的检测

1. 任务描述

按任务 5.2 的基准配合比试配，试配时至少应采用三个不同的配合比，其中一个是完全按计算得出的基准配合比，另外两个配合比的水泥用量按基准配合比分别增加及减少 10%，在保证稠度、保水率合格的条件下，可将用水量、石灰膏、保水增稠材料或粉煤灰等活性掺合料用量做相应调整。

2. 学习目标

（1）能正确使用检测仪器和设备。

（2）能正确记录试验数据。

（3）能对试验数据进行处理和分析。

3. 任务准备

（1）查阅并下载学习《建筑砂浆基本性能试验方法标准》（JGJ/T 70—2009）。

（2）仪器准备：选取并检查所用仪器设备。

（3）材料准备：按任务5.2得到的基准配合比，根据任务5.3的要求配制试件成型所需各材料用量。

4. 任务分组

根据任务分组情况完成表5-19。

表5-19　任务分组表

班级		组号	
组长		学号	
组员	学号	姓名	学号	姓名
任务分工				

5. 任务实施（理论测试）

引导问题1：用于砌筑砖砌体的砂浆强度主要取决于_____和_____。

引导问题2：测定砌筑砂浆抗压强度时采用的试件尺寸为_____。

引导问题3：砌筑砂浆抗压强度试验是以_____个试件为一组。

6. 任务实施（技能操作）

根据任务要求完成表5-20。

表 5-20　砂浆强度的检测

任务名称	砂浆强度的检测		试验日期	
天气情况			室内温度	
任务目的				
任务准备				
任务实施				
整改措施				

试验小提示

（1）试件从养护地点取出后及时进行试验。

（2）注意承压面的选取。

（3）注意加荷速度的控制及停止加压时间的判定。

（4）保持实训室卫生,试验完毕后清洗仪器,整理操作面。

7. 砂浆抗压强度数据处理

操作结束后,完成表 5-21。

表 5-21　砂浆抗压强度数据处理

	砂浆 配合比			搅拌用量/ mL		
	原材料		水泥	砂		水
	各材料质量/g					
试验数据 记录	试件编号					
	试件尺寸/ mm	长				
		宽				
	最大荷载 F/N					
	抗压强度/MPa					
结果评定						

8. 评价反馈

学生进行自评，评价是否能掌握混凝土力学性能相关知识、是否能完成混凝土抗压强度的检测和正确填写检测报告。老师对学生进行的评价内容包括：报告书写是否工整规范，报告内容数据是否真实合理、阐述是否详细、认识体会是否深刻，试验结果分析是否合理，是否起到了实训的作用。

（1）学生进行自我评价，并将结果填入表 5-22 中。

表 5-22　学生自评表

班级		姓名		学号		组别	
学习任务	砂浆强度的检测						
评价项目	评价标准				分值		得分
预复习情况	能正确查阅资料，能正确解答基础知识				10		
检测仪器的选取	能正确选用仪器，安全操作仪器				10		
检测过程的规范性	能根据检测步骤进行检测				20		
工作态度	工作态度端正，无缺勤、迟到、早退现象				15		
工作质量	能按计划时间完成工作任务				15		
协调能力	与小组成员、同学之间能合作交流、协调工作				10		
职业素质	能做到安全生产、爱护公物、工完场清				10		
创新意识	能对检测过程进行合理的小结，并对检测过程中不合理现象进行分析并作出及时调整				10		
合　计					100		

（2）学生以小组为单位，对以上学习任务的过程和结果进行互评，将互评结果填入表 5-23 中。

表 5-23　学生互评表

学习任务	砂浆强度的检测						
评价项目	评价标准				分值		得分
计划的合理性	是否能合理地编排检测计划				10		
检测的准确性	检测过程是否正确				10		
团队合作	是否具有良好的合作意识				20		
组织有序	组员之间配合是否默契				15		
工作质量	检测质量良好与否				15		
工作效率	工作效率是否符合要求				10		
工作规范	是否按照检测规范进行检测，安全操作，工完场清				10		
成果展示	能否将检测成果进行拍照并在全班展示，分析检测过程中的得失				10		
合　计					100		

（3）教师对学生工作过程和工作结果进行评价，并将评价结果填入表 5-24 中。

表 5-24　教师综合评价表

班级		姓名		学号		组别	
学习任务		砂浆强度的检测					
评价项目		评价标准				分值	得分
考勤		无迟到、早退、旷课现象				10	
工作过程		态度认真，工作积极主动				10	
		安全意识，规范意识				10	
		仪器调试、检测规范，操作无误				10	
		工完场清的职业精神				10	
		组员间协作与配合、沟通表达，团队意识				10	
项目成果		数据分析准确，检测项目完整				40	
合　计						100	

9. 学习任务相关知识点

试验 5.2　砂浆立方体抗压强度试验

1）抗压强度试验所用仪器设备的规定

（1）试模：尺寸为 70.7mm×70.7mm×70.7mm 的带底试模，应具有足够的刚度并拆装方便。试模的内表面应机械加工，其不平度应为每 100mm 不超过 0.05mm，组装后各相邻面的不垂直度不应超过±0.5°。

（2）钢制捣棒：直径为 10mm，长为 350mm，端部应磨圆。

（3）压力试验机：精度为 1%，试件破坏荷载应不小于压力机量程的 20%，且不大于全量程的 80%。

（4）垫板：试验机上、下压板及试件之间可垫以钢垫板，垫板的尺寸应大于试件的承压面，其不平度应为每 100mm 不超过 0.02mm。

（5）振动台：空载中台面的垂直振幅应为(0.5±0.05)mm，空载频率应为(50±3)Hz，空载台面振幅均匀度不大于 10%，一次试验至少能固定（或用磁力吸盘）三个试模。

2）立方体抗压强度试件的制作及养护步骤

（1）采用立方体试件，每组试件 3 个。

（2）应用黄油等密封材料涂抹试模的外接缝，试模内涂刷薄层机油或脱模剂，将拌制好的砂浆一次性装满砂浆试模，成型方法根据稠度而定。当稠度≥50mm 时采用人工振捣成型，当稠度＜50mm 时采用振动台振实成型。

　① 人工振捣：用捣棒均匀地由边缘向中心按螺旋方式插捣 25 次，插捣过程中如砂浆沉落低于试模口，应随时添加砂浆，可用油灰刀插捣数次，并用手将试模一边抬高 5～10mm 各振动 5 次，使砂浆高出试模顶面 6～8mm。

　② 机械振动：将砂浆一次装满试模，放置到振动台上，振动时试模不得跳动，振动 5～10s 或持续到表面出浆为止；不得过振。

　（3）待表面水分稍干后，将高出试模部分的砂浆沿试模顶面刮去并抹平。

　（4）试件制作后应在室温为（20±5）℃的环境下静置（24±2）h，当气温较低时，可适当延长时间，但不应超过两昼夜，然后对试件进行编号、拆模。试件拆模后应立即放入温度为（20±2）℃，相对湿度为 90% 以上的标准养护室中养护。养护期间，试件彼此间隔不小于 10mm，混合砂浆试件上面应覆盖以防有水滴在试件上。

　3）砂浆立方体试件抗压强度试验步骤

　（1）试件从养护地点取出后应及时进行试验。试验前将试件表面擦拭干净，测量尺寸，并检查其外观。并据此计算试件的承压面积，如实测尺寸与公称尺寸之差不超过 1mm，可按公称尺寸进行计算。

　（2）将试件安放在试验机的下压板（或下垫板）上，试件的承压面应与成型时的顶面垂直，试件中心应与试验机下压板（或下垫板）中心对准。开动试验机，当上压板与试件（或上垫板）接近时，调整球座，使接触面均衡受压。承压试验应连续而均匀地加荷，加荷速度应为每秒钟 0.25～1.5kN（砂浆强度不大于 5MPa 时，宜取下限，砂浆强度大于 5MPa 时，宜取上限），当试件接近破坏而开始迅速变形时，停止调整试验机油门，直至试件破坏，然后记录破坏荷载。

　4）砂浆立方体抗压强度应按下式计算：

$$f_{m,cu} = \frac{N_u}{A} \tag{5-5}$$

式中：$f_{m,cu}$——砂浆立方体试件抗压强度，MPa；

　　N_u——试件破坏荷载，N；

　　A——试件承压面积，mm^2。

　砂浆立方体试件抗压强度应精确至 0.1MPa。

　以三个试件测值的算术平均值的 1.3 倍（f_2）作为该组试件的砂浆立方体试件抗压强度平均值（精确至 0.1MPa）。

　三个测值的最大值或最小值中如有一个与中间值的差值超过中间值的 15%，则把最大值及最小值一并舍除，取中间值作为该组试件的抗压强度值；如有两个测值与中间值的差值均超过中间值的 15%，则该组试件的试验结果无效。

项目 6 防水材料的性能检测

项目描述

防水功能是建筑的主要使用功能之一,防止雨水、地下水、工业和民用的给排水、腐蚀性液体以及空气中的湿气等侵入建筑物的材料统称为防水材料,其主要作用是保护建筑物内部使用空间免受水分干扰。建筑物需要进行防水处理的部位主要是屋面、墙面、地面和地下室。

项目内容

本项目的主要内容包括防水材料的基本性质与材质要求;防水材料的执行标准、规范、规程;防水卷材的必检项目和检测方法。通过本项目的训练,学生可达到如下知识目标、能力目标和素养要求。

知识目标

(1) 了解防水材料的分类及材质要求。

(2) 熟悉防水材料的执行标准、规范、规程。

(3) 掌握防水卷材的必检项目和检测方法。

能力目标

(1) 能够进行常见防水材料的取样。

(2) 能够依据现行的标准、规范、规程进行防水材料必检项目的检测。

素养要求

(1) 通过项目实施过程中的咨询、题目的解答培养学生资料查阅能力、自我学习的能力。

(2) 通过项目实施过程中的调查、汇报等环节使学生关心家乡建筑形式、培养家国情怀,并树立起岗位和责任意识。

任务 6.1 了解防水材料的基本性质与质量标准

1. 任务描述

建筑防水材料的主要功能是防潮、防渗、防漏。屋面、地下室、卫生间等防水工程的质量在很大程度上取决于防水材料的性能和质量，应用于工程的防水材料必须符合国家和行业的材料质量标准，并应满足设计要求。

2. 学习目标

（1）了解防水材料的功能要求及其分类。

（2）掌握防水材料的质量标准及检测项目。

3. 任务实施（理论测试）

引导问题1：高分子改性沥青卷材、涂料、密封材料的性能和应用如何？

_____

_____

_____

引导问题2：怎样根据屋面特性来选择防水材料？

_____

_____

_____

引导问题3：常用防水材料的检测项目有哪些？取样有哪些要求？

_____

_____

_____

综合性调研报告：你所在的地区目前最常用的建筑防水材料有哪些？这些防水材料的质量标准是什么？这些防水材料使用在什么工程部位？

_____

_____

_____

_____

4. 评价反馈

学生进行自评，评价是否初步了解防水材料的基本知识、是否能正确选用防水材料、是否能掌握防水材料的质量评定要求。老师对学生进行的评价内容包括：答题是否工整规范，分析问题是否到位，答题是否全面、准确，是否达到本次任务的要求。

（1）学生进行自我评价，并将结果填入表6-1中。

表6-1　学生自评表

班级		姓名		学号		组别	
学习任务		了解防水材料的基本性质与质量标准					
评价项目		评价标准			分值		得分
遵守纪律		无缺勤、迟到、早退现象			10		
规范标准的选用		能利用网络查找并下载最新规范			10		
工作态度		能按计划时间完成工作任务			10		
任务完成情况		理论测试题完成及掌握情况			40		

评 价 项 目	评 价 标 准	分值	得分
职业素质	能做到调研过程真实可信、调查范围有代表性、调查信息有据可查	20	
创新意识	能根据自己的理解来分析解答问题，并对问题提出自己的设想	10	
合　计		100	

（2）教师对学生工作过程和工作结果进行评价，并将评价结果填入表 6-2 中。

表 6-2　教师综合评价表

班级		姓名		学号		组别	
学习任务		了解防水材料的基本性质与质量标准					
评 价 项 目		评 价 标 准				分值	得分
考勤		无迟到、早退、旷课现象				10	
工作过程		课前预习情况				10	
		规范意识				10	
		答题填写是否规范、清晰				10	
		资料是否有据可查				10	
项目成果		答题完整、准确性				50	
合　计						100	

5. 学习任务相关知识点

1）防水材料的功能要求及其分类

（1）防水材料的共性要求

① 具有良好的耐候性，对光、热、紫外线等具有一定的承受能力。

② 具有抗水渗透性和耐酸碱性能力。

③ 对外界温度和外力具有一定的适应性，即能承受温差变化和各种因施工、基层伸缩、开裂所引起的外力。

④ 整体性好，能与基层牢固黏结，具有较高的剥离强度，能形成稳定不透水整体。

（2）不同防水部位对材料的要求

① 地下防水：防水材料必须具备优质的抗渗能力和伸长率，具有良好的整体不透水性及耐地下水侵蚀的能力。

② 卫浴间防水：选择的防水材料应能适应基层形状的变化，有利于管道设备的敷设，以整体涂膜材料最为理想。

③ 建筑外墙防水：材料应有较好的耐候性和高延长率、高黏结性、抗下垂性等，一般选择防水密封材料并辅以衬垫保温隔热材料进行配套处理。

④ 屋面防水：材料应有较好的耐候性、耐温度、耐外力的性能；能经受长期的风吹、雨淋、日晒、冰冻等恶劣自然影响和基层屋面结构变形的影响。

（3）防水材料的分类

建筑防水材料正朝多元化、多功能、环保型方向发展，大致可分为防水卷材、防水涂料、防水密封材料、刚性防水和堵漏材料几大类。常用的品种见表 6-3。

表 6-3　防水材料的分类

防水材料	防水卷材	改性沥青基防水卷材	弹性体改性沥青防水卷材（简称 SBS 防水卷材）
			塑性体改性沥青防水卷材（简称 APP 防水卷材）
			聚合物改性沥青复合胎防水卷材
			自粘橡胶沥青防水卷材
		高分子防水卷材	三元乙丙防水卷材
			聚氯乙烯防水卷材（简称 PVC 防水卷材）
			氯化聚乙烯橡胶共混防水卷材
			聚乙烯丙纶丝防水卷材
	防水涂料	改性沥青防水涂料	水乳型沥青防水涂料
			溶剂型沥青防水涂料
		合成高分子防水涂料	聚氨酯防水涂料
			聚合物水泥防水涂料
			聚合物乳液建筑防水涂料
	防水密封材料	如沥青、各种密封膏、止水带、遇水膨胀橡胶等	
	刚性防水、堵漏材料	如水不漏、水泥基渗透结晶型防水材料等	

选择防水材料时除了应满足标准、规范的规定外，主要应结合材料的性能、特点、建筑物的功能、外界环境要求、施工条件和市场价格等因素进行选择，可参考表 6-4。

表 6-4　防水材料适用参考表

材料适用情况	材料类别						
	合成高分子卷材	高聚物改性沥青卷材	沥青基卷材	合成高分子涂料	高聚物改性沥青涂料	细石混凝土防水材料	水泥砂浆防水材料
特别重要的建筑屋面	优先	复合采用	不宜	复合采用	不宜	复合采用	不可
重要及高层建筑屋面	优先	优先	不宜	优先	不宜	复合采用	不可
一般建筑屋面	可以	优先	可以	可以	有条件	优先	有条件
有振动车间的屋面	优先	可以	不宜	可以	不宜	有条件	不可

续表

材料适用情况	材料类别						
	合成高分子卷材	高聚物改性沥青卷材	沥青基卷材	合成高分子涂料	高聚物改性沥青涂料	细石混凝土防水材料	水泥砂浆防水材料
恒温恒湿屋面	优先	可以	不宜	可以	不宜	可以	不可
蓄水种植屋面	可以	可以	不宜	复合采用	复合采用	优先	可以
大跨度建筑	优先	可以	有条件	有条件	有条件	不可	不可
动水压作用于地下室	优先	可以	不宜	可以	可以	优先	不可
静水压作用于地下室	可以	优先	有条件	优先	可以	优先	可以
动水压砖墙体地下室	优先	优先	不宜	可以	不宜	可以	优先
卫生间	有条件	有条件	不可	优先	优先	复合采用	复合采用
水池内防水	有条件	不宜	不可	不宜	不宜	优先	优先
外墙面防水	不可	不可	不可	优先	不宜	可以	优先
水池外防水	可以	可以	可以	优先	优先	复合采用	优先

2）防水材料的质量标准

（1）SBS改性沥青防水卷材

SBS改性沥青防水卷材应符合《弹性体改性沥青防水卷材标准》（GB 18242—2008）的规定。

SBS改性沥青防水卷材又称弹性体改性沥青防水卷材，它是以聚酯毡或玻纤毡为胎基，采用苯乙烯—丁二烯—苯乙烯（SBS）热塑性弹性体作为改性材料，再在两面覆以隔离材料而制成的防水卷材。

SBS改性沥青防水卷材按胎基可分为聚酯毡（PY）和玻纤毡（G）玻纤增强聚酯毡（PYG）；按其隔离材料可分为聚乙烯膜（PE）、细砂（S）和矿物粒（片）料（M）三种；按其力学性能可以分为Ⅰ型和Ⅱ型。其技术性能指标应符合如下规定。

① 卷重、面积及厚度应符合表6-5的规定。

表6-5　SBS改性沥青防水卷材的单位面积质量、面积及厚度

规格（公称厚度）/mm		3			4			5		
上表面材料		PE	S	M	PE	S	M	PE	S	M
下表面材料		PE	PE、S		PE	PE、S		PE	PE、S	
面积/（m²/卷）	公称面积	10，15			10，7.5			7.5		
	偏差	±0.10			±0.10			±0.10		
单位面积质量/（kg/m²）		≥3.3	≥3.5	≥4.0	≥4.33	≥4.5	≥5.0	≥5.3	≥5.5	≥5.0
厚度/mm	平均值	≥3.0			>4.0			>5.0		
	最小单值	2.7			3.7			4.7		

② SBS 改性沥青防水卷材的外观质量应符合表 6-6 的规定。

表 6-6　SBS 改性沥青防水卷材的外观质量要求

序号	质量要求
1	成卷卷材应卷紧卷齐,且端面里进外出不得超过 10mm
2	成卷卷材在 4～50℃任一温度下展开时,在距离卷芯 1000mm 长度外不应有 10mm 以上的裂纹或黏结
3	胎基应浸透,不应有未被浸渍的条纹
4	卷材表面应平整,不允许有孔洞、缺边和裂口疙瘩,矿物粒料的粒度应均匀一致并紧密地黏附于卷材表面
5	每卷卷材接头处不应超过 1 个,较短的一段长度不应少于 1000mm,接头应剪切整齐,并加长 150mm

③ SBS 改性沥青防水卷材的主要物理力学性能应符合表 6-7 的规定。

表 6-7　SBS 改性沥青防水卷材的主要物理力学性能

序号	项 目		指标				
			I		II		
			PY	G	PY	G	PYG
1	耐热性	℃	90		105		
		≤mm	2				
		试验现象	无流淌、滴落				
2	低温柔性/℃		—20		—25		
			无裂缝				
3	不透水性 30min		0.3MPa	0.2MPa	0.3MPa		
4	拉力	最大峰拉力/(N/50mm)	≥500	≥350	≥800	≥500	≥900
		次高峰拉力/(N/50mm)	—	—	—	—	≥800
		试验现象	拉伸过程中,试件中都无沥青涂盖层开裂或与胎基分离现象				
5	延伸率	最大峰时延伸率	≥30%		≥10%		—
		第二峰时延伸率	—		—		≥15%
6	人工气候加速老化	外观	无滑动、流淌、滴落				
		拉力保持率	≥80				
		低温柔性	—15		—20		
			无裂缝				

（2）三元乙丙橡胶防水卷材

该卷材是以乙烯、丙烯和少量双环戊二烯三种单体共聚合成的三元乙丙橡胶为主要原料，掺入适量的丁基橡胶、硫化剂、填充剂等，采用压延法或挤出法生产的一种具有高弹性的均质片材。

三元乙丙橡胶防水卷材的技术性能指标应符合以下规定。

① 规格尺寸及允许偏差应符合表6-8的规定。

表6-8 三元乙丙橡胶防水卷材的规格尺寸及允许偏差

项目	厚度	宽度	长度
规格尺寸/mm	1.0,1.2,1.5,1.8,2.0	1.0,1.1,1.2	20m 以上
允许偏差	−10%～+15%	>−1%	不允许出现负值

② 外观质量要求应符合表6-9的规定。

表6-9 三元乙丙橡胶防水卷材的外观质量要求

序号	外观质量要求
1	片材表面应平整、边缘整齐，不能有裂纹、机械损伤、折痕及异常黏着部分等影响使用的缺陷
2	在不影响使用的条件下，片材表面缺陷应满足下列规定：凹痕深度不得超过片材厚度的30%，树脂类片材不得超5%；气泡深度不得超过片材跨度的30%，且每1m³不得超7mm²

③ 物理力学性能应符合表6-10的规定。

表6-10 三元乙丙橡胶防水卷材的物理力学性能

项目		硫化类	非硫化类
断裂拉伸强度/MPa	常温	≥7.5	≥4.0
	60℃	≥2.3	≥0.8
扯断伸长率	常温	≥450%	≥400%
	60℃	≥200%	≥200%
撕裂强度/(kN/m)		≥25	≥18
不透水性(30min 无渗漏)		0.3MPa	0.3MPa
低温弯折/℃		≤−40	≤−30
热空气老化(80℃×168h)	断裂拉伸强度保持率	≥80%	≥90%
	扯断伸长率保持率	≥70%	≥70%
	100%伸长率外观	无裂纹	
人工气候加速老化	断裂拉伸强度保持率	≥80%	≥80%
	扯断伸长率保持率	≥70%	≥70%
	100%伸长率外观	无裂纹	

（3）聚氯乙烯防水卷材

聚氯乙烯防水卷材是以聚氯乙烯为主要原料制成的防水卷材，其主要包括无复合层（N类）、用纤维单面复合（L类）及织物内增强（W类）的聚氯乙烯防水卷材。每类产品按物理力学性能可以分为Ⅰ型和Ⅱ型。

聚氯乙烯防水卷材的技术性能指标应符合以下规定。

① 规格尺寸及允许偏差应符合表 6-11 的规定。

表 6-11　聚氯乙烯防水卷材的规格尺寸及允许偏差

长度/m	厚度/mm	允许偏差/mm	最小单个值/mm
10，15，20	1.2	±0.10	1.00
	1.5	±0.15	1.30
	2.0	±0.20	1.70

② 外观质量要求应符合表 6-12 的规定。

表 6-12　聚氯乙烯防水卷材的外观质量要求

项目	外观质量要求
1	卷材的接头不多于1处，其中较短的一段长度不少于1500mm，接头处应剪切整齐，并加长150mm备作搭接
2	卷材表面应平整，边缘整齐，无裂纹、孔洞、黏结、气泡和疤痕

③ N类无复合层的聚氯乙烯防水卷材的物理力学性能应符合表 6-13 和表 6-14 的规定。

表 6-13　N类无复合层的聚氯乙烯防水卷材的物理力学性能

项　目		Ⅰ型	Ⅱ型
拉伸强度/MPa		8.0	12.0
断裂伸长率		≥200%	≥250%
热处理尺寸变化率		≤3.0%	≤2.0%
低温弯折性		−20℃无裂纹	−25℃无裂纹
抗穿孔性		不渗水	
不透水性		不透水	
剪切状态下的黏合性/(N/mm)		≥3.0或卷材破坏	
热老化处理	拉伸强度变化率	±25%	±20%
	断裂伸长率变化率		
	低温弯折性	−15℃无裂纹	−20℃无裂纹
	外观	无起泡、裂纹、黏结和孔洞	

续表

项　目		Ⅰ型	Ⅱ型
人工气候加速老化	拉伸强度变化率	±25%	±20%
	断裂伸长率变化率		
	低温弯折性	−15℃无裂纹	−20℃无裂纹
耐化学侵蚀	拉伸强度变化率	±25%	±20%
	断裂伸长率变化率		
	低温弯折性	−15℃无裂纹	−20℃无裂纹

表 6-14　L 类、W 类聚氯乙烯防水卷材的物理力学性能

项　目		Ⅰ型	Ⅱ型
拉力/(N/cm)		100	160
断裂伸长率		≥150%	≥200%
热处理尺寸变化率		≤1.5%	≤1.0%
低温弯折性		−20℃无裂纹	−25℃无裂纹
抗穿孔性		不渗水	
不透水性		不透水	
剪切状态下的黏合性/(N/mm)	L 类	≥3.0 或卷材破坏	
	W 类	≥6.0 或卷材破坏	
热老化处理	拉力变化率	±25%	±20%
	断裂伸长率变化率		
	低温弯折性	−15℃无裂纹	−20℃无裂纹
	外观	无起泡、裂纹、黏结和孔洞	
人工气候加速老化	拉力变化率	±25%	±20%
	断裂伸长率变化率		
	低温弯折性	−15℃无裂纹	−20℃无裂纹
耐化学侵蚀	拉力变化率	±25%	±20%
	断裂伸长率变化率		
	低温弯折性	−15℃无裂纹	−20℃无裂纹

（4）沥青类、改性沥青类防水涂料

沥青类、改性沥青类防水涂料的质量标准可参阅《水乳型沥青防水涂料》(JC/T 408—2005)、《皂液乳化沥青》(JC/T 797—1984)(1996 年版)、《溶剂型橡胶沥青防水涂料》(JC/T 852—1999)等相关标准，合成高分子防水涂料的质量标准可参阅《聚氨酯防水涂料》(GB/T

19250—2003)、《聚氯乙烯弹性体防水涂料》(JC/T 674—1997)、《聚合物乳液建筑防水涂料》(JC/T 864—2008)、《聚合物水泥防水涂料》(JC/T 894—2001)、《建筑表面用有机硅防水剂》(JC/T 902—2002)、《建筑防水涂料用聚合物乳液》(JC/T 1017—2006)等相关标准。

（5）建筑防水密封材料

建筑防水密封材料的质量标准可参阅《建筑防水沥青嵌缝油膏》(JC/T 207—1996)、《聚氯乙烯建筑防水接缝材料》(JC/T 798—1997)、《建筑门窗用油灰》(JG/T 16—1999)、《建筑石油沥青》(GB 494—2010)、《无机防水堵漏材料》(JC 900—2002)、《聚氨酯建筑密封膏》(JC/T 482—2022)、《丙烯酸酯建筑密封膏》(JC/T 484—2006)、《建筑用硅酮结构密封胶》(GB 16776—2005)等相关标准。

任务 6.2　常用防水材料试验方法

1. 任务描述

现场有一批 SBS 改性沥青防水卷材需进行质量检测。请同学们以施工现场材料员的身份进行防水材料的质量验收及合格判定。

2. 学习目标

（1）能正确进行取料及完成试样的制作。

（2）能掌握防水卷材的检测方法和步骤。

（3）能准确判定防水卷材的性能是否合格，并能根据试验结果提出复检方案。

3. 任务准备

（1）查阅并下载学习《建筑防水卷材试验方法》(GB/T 328—2007)。

（2）仪器准备：选取并检查所用仪器设备。

（3）材料准备：在裁取试样前样品应在(20±10)℃放置至少 24h。无争议时可在产品规定的展开温度范围内裁取试样。

4. 任务分组

根据任务分组情况，完成表 6-15。

表 6-15　任务分组表

班级		组号	
组长		学号	
组员	学号	姓名	学号	姓名

续表

任务分工	

5. 任务实施(理论测试)

引导问题1：高聚物改性沥青防水卷材包括＿＿＿＿＿＿、＿＿＿＿＿＿＿＿和橡塑共混体改性沥青防水卷材三类。

引导问题2：目前防水卷材的主要品种为＿＿＿＿＿、＿＿＿＿＿＿和＿＿＿＿＿三大类。

引导问题3：防水卷材取样时，以同一类型、同一规格＿＿＿＿＿＿m² 为一批。

引导问题4：将取样卷材切除距外层卷头＿＿＿＿＿＿＿mm 后，取＿＿＿＿＿m 长的卷材，按规定方法裁取试件。

引导问题5：不透水试验规定：卷材＿＿＿＿＿表面作为迎水面，上表面为细砂、矿物粒料时，＿＿＿＿＿ 表面作为迎水面。

6. 任务实施(技能操作)

根据任务要求完成表6-16。

表 6-16　SBS 防水卷材物理力学性能试验

任务名称	SBS 防水卷材物理力学性能试验	试验日期	
天气情况		室内温度	
任务目的			
任务准备			

续表

任务实施	
整改措施	

试验小提示

（1）裁取试件时正确使用工具，注意安全。

（2）注意操作步骤的要求及操作时间的控制。

（3）保持实训室卫生，试验完毕后清洗仪器，整理操作面。

7. 防水卷材物理力学性能试验结果处理

操作结束后完成表 6-17。

表 6-17　SBS 防水卷材物理力学性能试验结果处理

		试件编号	渗漏情况			总评定
试验结果及数据记录	不透水性试验	1				
		2				
		3				
	拉力及断裂延伸率试验	试件编号	断裂时最大拉力/N		断裂延伸率/%		总评定
		试件方向	横向	纵向	横向	纵向	
		1					
		2					
		3					
		4					
		5					
		平均值					

续表

试验结果及数据记录	耐热度试验	试件编号	表面状态	总评定
		1		
		2		
		3		
	柔度试验	试件编号	试件表面有无裂纹	总评定
		1		
		2		
		3		
		4		
		5		
		6		
		7		
		8		
		9		
		10		
结果评定				

8. 评价反馈

学生进行自评,评价是否能掌握防水卷材检测的相关知识、是否能完成 SBS 防水卷材物理力学性能的检测和正确填写检测报告。教师对学生进行的评价内容包括:报告书写是否工整规范,报告内容数据是否出自实训、是否真实合理、阐述是否详细、认识体会是否深刻,试验结果分析是否合理,是否起到了实训的作用。

(1)学生进行自我评价,并将结果填入表 6-18 中。

表 6-18 学生自评表

班级		姓名		学号		组别	
学习任务		SBS 防水卷材物理力学性能试验					
评 价 项 目		评 价 标 准				分值	得分
取样及试件的制作		能正确取样及制作试件				10	

续表

评 价 项 目	评 价 标 准	分值	得分
检测仪器的选取	能正确选用仪器，安全操作仪器	10	
检测过程的规范性	能根据检测步骤进行检测	20	
工作态度	工作态度端正，无缺勤、迟到、早退现象	15	
工作质量	能按计划时间完成工作任务	15	
协调能力	与小组成员、同学之间能合作交流、协调工作	10	
职业素质	能做到安全生产、爱护公物、工完场清	10	
创新意识	能对检测过程进行合理的小结，并对检测过程中不合理现象进行分析并作出及时调整	10	
合　计		100	

（2）学生以小组为单位，对以上学习任务的过程和结果进行互评，将互评结果填入表 6-19 中。

表 6-19　学生互评表

学习任务	SBS 防水卷材物理力学性能试验		
评 价 项 目	评 价 标 准	分值	得分
计划的合理性	是否能合理地编排检测计划	10	
检测的准确性	检测过程是否正确	10	
团队合作	是否具有良好的合作意识	20	
组织有序	组员之间配合是否默契	15	
工作质量	检测质量良好与否	15	
工作效率	工作效率是否符合要求	10	
工作规范	是否按照检测规范进行检测，安全操作，工完场清	10	
成果展示	能否将检测成果进行拍照并在全班展示，分析检测过程中的得失	10	
合　计		100	

（3）教师对学生工作过程和工作结果进行评价，并将评价结果填入表 6-20 中。

表 6-20　教师综合评价表

班级		姓名		学号		组别	
学习任务	SBS 防水卷材物理力学性能试验						
评 价 项 目	评 价 标 准				分值		得分
考勤	无无故迟到、早退、旷课现象				10		

续表

评 价 项 目	评 价 标 准	分值	得分
工作过程	态度认真,工作积极主动	10	
	安全意识,规范意识	10	
	仪器调试、检测规范,操作无误	10	
	工完场清的职业精神	10	
	组员间协作与配合、沟通表达,团队意识	10	
项目成果	数据分析准确,检测项目完整	40	
合　计		100	

9. 学习任务相关知识点

试验 6.1　防水卷材性能试验

1) 取样

取样是指从交付批中选择并组成样品用于检测的程序。图 6-1 为防水卷材取样示例。

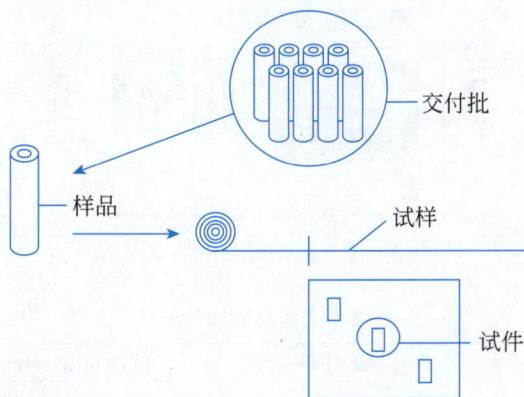

图 6-1　取样

防水卷材的取样数量及取样方法见表 6-21。

表 6-21　防水卷材的取样数量及取样方法

序号	抽 样 数 量	抽 样 方 法
1	同一类型、同一规格卷材 10 000m² 为一批,不足 10 000m² 也可作为一批	(1) 在每批产品中随机抽取 5 卷进行卷重、面积、厚度与外观检查。在卷重、面积、厚度及外观合格的卷材中随机抽取 1 卷进行物理力学性能试验;
2		(2) 将试样卷材切除距外层卷头 2500mm 后,顺纵向切取 800mm 的全幅卷材试样 2 块,一块作物理力学性能检测用,另一块备用

续表

序号	抽 样 数 量	抽 样 方 法
3	同品种、同应格的 5000m² 片材为一批	（1）在每批产品中随机抽取 3 卷进行规格尺寸和外观质量检验； （2）在规格尺寸和外观质量检验合格的样品中随机抽取足够的试样，进行物理性能试验
4	以同类同型的 10 000m² 卷材为一批，不满10 000m² 也作为一批	（1）在每批产品中随机抽取 3 卷进行尺寸偏差和外观检查； （2）在尺寸偏差和外观检查合格的样品中任取一卷，在距外层端部 500mm 处裁取 1.5m 进行物理性能检验

2）试件制作

按图 6-2 所示的部位和表 6-22 规定的尺寸和数量切取试件，试件边缘与卷材纵向边缘 间的距离不小于 75mm。

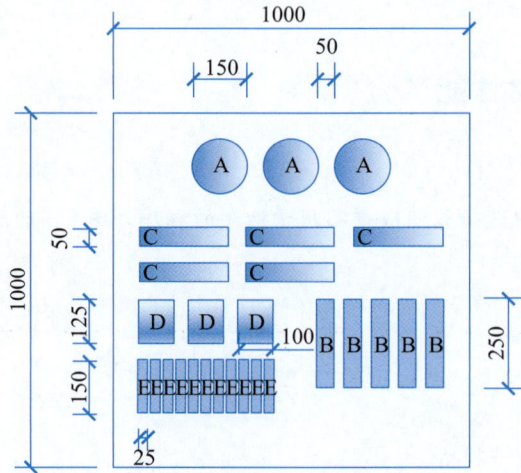

图 6-2   试件切取位置

表 6-22   试件尺寸和数量

试 验 项 目		试件部位	试件尺寸/mm	数量/个
不透水性		A	$d=150mm$ 的圆	3
拉力和延伸率	纵向	B	250×50	5
	横向	C	250×50	5
耐热度		D	115×100	3
低温柔度		E	150×25	6

3）物理力学性能试验

（1）拉力及最大拉力时延伸率试验

① 主要仪器

拉伸试验机有连续记录力和对应距离的装置，能按规定的速度均匀地移动夹具。拉伸试验机有足够的量程（至少 2000N）和夹具移动速度（100±10）mm/min，夹具宽度不小于 50mm。

拉伸试验机的夹具能随着试件拉力的增加而保持或增加夹具的夹持力,对于厚度不超过3mm的产品能夹住试件使其在夹具中的滑移不超过1mm,更厚的产品不超过2mm。这种夹持方法不应在夹具内外产生过早的破坏。为防止从夹具中的滑移超过极限值,允许用冷却的夹具,同时实际的试件伸长用引伸计测量。力值测量至少应符合《拉力、压力和万能试验机检定规程》(JJG 139—1999)中的2级(即±2％)。

②　试件制备

整个拉伸试验应制备两组试件,一组纵向5个试件,另一组横向5个试件。

试件在试样上距边缘100mm以上任意裁取,用模板,或用裁刀,矩形试件宽为(50±0.5)mm,长为(200mm+2×夹持长度),长度方向为试验方向。

表面的非持久层应去除。

试件在试验前在(23±2)℃和相对湿度30％~70％的条件下至少放置20h。

③　试验步骤

a. 将试件紧紧地夹在拉伸试验机的夹具中,注意试件长度方向的中线与试验机夹具中心在一条线上。夹具间距离为(200±2)mm,为防止试件从夹具中滑移,应做标记。当用引伸计时,试验前应设置标距间距离为(180±2)mm。为防止试件产生任何松弛,推荐加载不超过5N的力。

b. 试验在(23±2)℃进行,夹具移动的恒定速度为(100±10)mm/min。

c. 连续记录拉力和对应的夹具(或引伸计)间距离。

④　试验结果

a. 记录得到的拉力和距离,或数据记录,最大的拉力和对应的由夹具(或引伸计)间距离与起始距离的百分率计算的延伸率。

b. 去除任何在夹具10mm以内断裂或在试验机夹具中滑移超过极限值的试件的试验结果,用备用件重测。

c. 最大拉力单位为N/50mm,对应的延伸率用百分率表示,作为试件同一方向结果。

d. 分别记录每个方向5个试件的拉力值和延伸率,计算平均值。

e. 拉力的平均值修约到5N,延伸率的平均值修约到1％。

f. 若复合增强的卷材在应力应变图上有两个或更多的峰值,拉力和延伸率应记录两个最大值。

(2) 不透水性试验

①　主要仪器

组成设备的装置见图6-3和图6-4,产生的压力作用于试件的一面。

试件用有四个狭缝的盘(或7孔圆盘)盖上,缝的形状尺寸符合图6-5的规定。

②　试件制备

最外一个距卷材边缘100mm,试件的纵向与产品的纵向平行并标记。在相关的产品标准中应规定试件数量,最少三块。

③　试验条件

试验前试件在(23±5)℃放置至少6h。

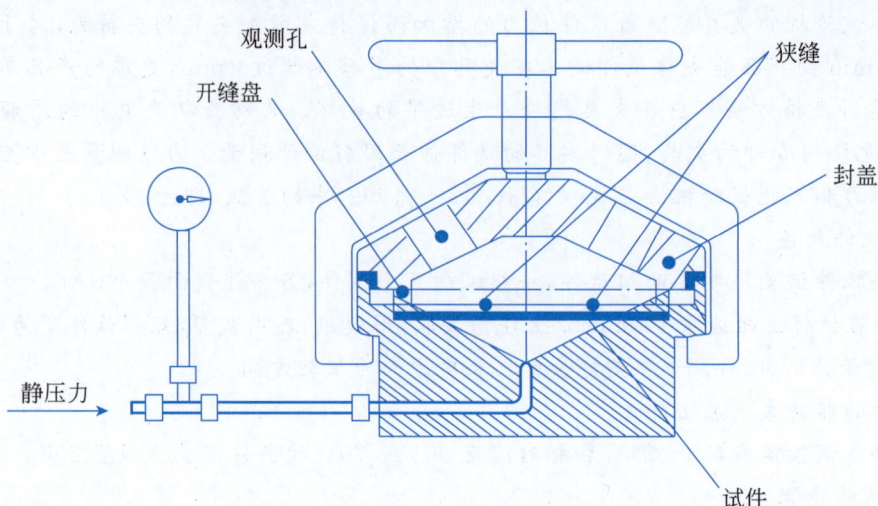

图 6-3　高压力不透水性用压力试验装置

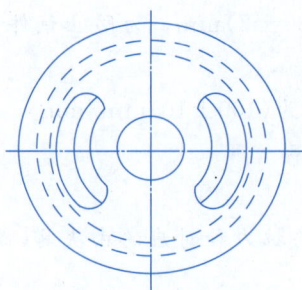

图 6-4　狭缝压力试验装置　　　　　图 6-5　开缝盘

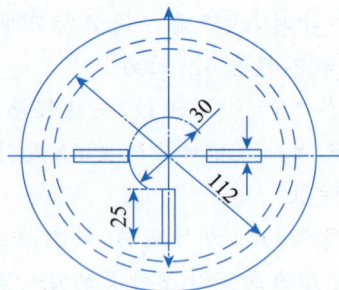

试验在(23±5)℃进行，产生争议时，在(23±2)℃，相对湿度50%±5%进行。

④ 试验步骤

a. 试件的上表面朝下放置在透水盘上，盖上规定的开缝盘（或 7 孔圆盘），其中一个缝的方向与卷材纵向平行。

b. 放上封盖，慢慢夹紧直到试件夹紧在盘上，用布或压缩空气干燥试件的非迎水面，慢慢加压到规定的压力达到规定压力后，保持压力(24±1)h[7 孔盘保持规定压力(30±2)min]。

c. 试验时观察试件的不透水性（水压突然下降或试件的非迎水面有水）。

d. 试验结果：所有试件在规定的时间不透水，认为不透水性试验通过。

（3）耐热性试验

① 仪器设备

a. 鼓风烘箱（不提供新鲜空气）在试验范围内最大温度波动±2℃。当门打开 30s 后，恢复温度到工作温度的时间不超过 5min。

b. 悬挂装置（如夹子）至少 100mm 宽，能夹住试件的整个宽度在一条线。

② 试件制作

a. 试件均匀地在试样宽度方向裁取,长边是卷材的纵向。试件应距卷材边缘150mm 以上,试件从卷材的一边开始连续编号,卷材上表面和下表面应做标记。

b. 去除任何非持久保护层,适宜的方法是常温下用胶带粘在上面,冷却到接近假设的冷弯温度,然后从试件上撕去胶带;另一方法是用压缩空气吹[压力约 0.5MPa(5bar),喷嘴直径约 0.5mm],若上面的方法不能除去保护膜,可用火焰烤,用最少的时间破坏膜而不损伤试件。

c. 试件试验前至少放置在(23±2)℃的平面上 2h,相互之间不要接触或粘住,有必要时,将试件分别放在硅纸上防止黏结。

③ 试验步骤

a. 烘箱预热到规定试验温度,温度通过与试件中心同一位置的热电偶控制。整个试验期间,试验区域的温度波动不超过±2℃。

b. 制备一组三个试件,分别在距试件短边一端 10mm 处的中心打一小孔,用细铁丝或回形针穿过,垂直悬挂试件在规定温度烘箱的相同高度,间隔至少 30mm。此时烘箱的温度不能下降太多,开关烘箱门放入试件的时间不超过 30s。放入试件后加热时间为(120±2)min。

c. 加热周期一结束,试件从烘箱中取出,相互间不要接触,目测观察并记录试件表面的涂盖层有无滑动、流淌、滴落、集中性气泡。

d. 集中性气泡指破坏涂盖层原形的密集气泡。

④ 试验结果

a. 试件任一端涂盖层不应与胎基发生位移,试件下端的涂盖层不应超过胎基,无流淌、滴落、集中性气泡,为规定温度下耐热性符合要求。

b. 一组三个试件都应符合要求。

(4) 低温柔度试验

① 仪器设备

该装置由两个直径(20±0.1)mm 的不旋转圆筒,一个直径(30±0.1)mm 的圆筒或半圆筒弯曲轴组成(可以根据产品规定采用其他直径的弯曲轴,如 20mm、50mm),该轴在两个圆筒中间,能向上移动。两个圆筒间的距离可以调节,即圆筒和弯曲轴间的距离能调节为卷材的厚度。

整个装置浸入能控制温度在 20~40℃、精度 0.5℃温度条件的冷冻液中。

② 试件制作

a. 试件均匀地在试样宽度方向裁取,长边是卷材的纵向。试件应距卷材边缘150mm 以上,试件从卷材的一边开始连续编号,卷材上表面和下表面应标记。

b. 去除任何非持久保护层,适宜的方法是常温下用胶带粘在上面,冷却到接近假设的冷弯温度,然后从试件上撕去胶带;另一方法是用压缩空气吹[压力约 0.5MPa(5bar),喷嘴直径约 0.5mm],若上面的方法不能除去保护膜,可用火焰烤,用最少的时间破坏膜而不损伤试件。

c. 试件试验前至少放置在(23±2)℃的平面上4h，相互之间不要接触或粘住，有必要时，将试件分别放在硅纸上防止黏结。

③ 试验步骤

a. 在开始所有试验前，两个圆筒间的距离应按试件厚度调节，即弯曲轴直径＋2mm＋两倍试件的厚度。然后装置放入已冷却的液体中，并且圆筒的上端在冷冻液面下约10mm，弯曲轴在下面的位置。

弯曲轴直径根据产品不同可以为20mm、30mm、50mm。

b. 冷冻液达到规定的试验温度时，误差不超过0.5℃，试件放于支撑装置上，且在圆筒的上端，保证冷冻液完全浸没试件。试件放入冷冻液达到规定温度后，开始保持在该温度1h±5min。半导体温度计的位置靠近试件，检查冷冻液温度。

c. 两组各5个试件，一组是上表面试验，另一组是下表面试验，试验按下述进行。

试件放置在圆筒和弯曲轴之间，试验面朝上，然后设置弯曲轴以(360±40)mm/min速度顶着试件向上移动，试件同时绕轴弯曲。轴移动的终点在圆筒上面(30±1)mm处。试件的表面明显露出冷冻液，同时液面也因此下降。

在完成弯曲过程10s内，在适宜的光源下用肉眼检查试件有无裂纹，必要时，用辅助光学装置帮助观察。假若有一条或更多的裂纹从涂盖层深入胎体层，或完全贯穿无增强卷材，即存在裂缝。一组5个试件应分别试验检查。若装置的尺寸满足，可以同时试验几组试件。

④ 试验结果

一个试验面5个试件在规定温度至少4个无裂缝为通过，上表面和下表面的试验结果要分别记录。

项目 **7** 建筑钢材的性能检测

项目描述

建筑物大多采用钢筋混凝土结构，由钢筋和混凝土共同组成框架结构，承受自身和上部结构传来的荷载。钢筋在结构中起着骨架的作用，主要承受拉应力。目前，各种建筑钢材已广泛应用于建筑结构中，特别是大型、重型、轻型薄壁和高层建筑结构。而建筑钢材的安全性和可靠性也日益受到工程界的重视，它是建筑工程质量的重要基础，不仅关系到整体工程的质量，更关系到人民群众生命财产的安全。

建筑钢材通常可分为钢结构用钢和钢筋混凝土结构用钢筋。钢结构用钢主要有普通碳素结构钢和低合金结构钢。品种有型钢、钢管和钢筋。型钢中有角钢、工字钢和槽钢。

钢筋混凝土结构用钢筋按加工方法可分为：热轧钢筋、热处理钢筋、冷拉钢筋、冷拔低碳钢丝和钢绞线管；按表面形状可分为光面钢筋和螺纹；按钢材品种可分为低碳钢、中碳钢、高碳钢和合金钢等。我国钢筋按强度可分为Ⅰ、Ⅱ、Ⅲ、Ⅳ、Ⅴ五类级别。

项目内容

本项目的主要内容包括建筑钢材的拉伸性能检测。通过本项目的训练，学生可达到如下知识目标、能力目标和素养要求。

知识目标

（1）掌握钢筋力学与工艺性能检测样品的处置方法。

（2）掌握游标卡尺的使用方法。

（3）掌握建筑用钢筋室温拉伸性能的检测方法。

能力目标

（1）通过拉伸试验，观察钢材拉伸过程中四个阶段（比例阶段、屈服阶段、强化阶段和径缩阶段）应力与变形的变化情况，并正确读取屈服荷载和极限荷载以及断后标距的测量。

（2）完成相应记录与报告，并根据检测结果判定钢筋的拉伸与弯曲性能是否符合国家现行有关标准的要求。

（3）能及时向有关生产岗位和单位通报检验结果。

（4）能通过阅读仪器使用说明书，会安全正确地操作仪器。

（5）能正确维护保养仪器。

（6）能查阅、分析、选择、整理相关资料。

（7）能与团队成员团结合作、能自我学习。

素养要求

（1）通过项目实施过程中的咨询、初步方案设计培养学生资料查阅能力、经济成本意识和自我学习的能力。

（2）通过项目实施过程中的检测、小组汇报等环节培养学生安全操作意识、严谨的工作态度、团队合作精神、吃苦耐劳的精神和环境保护意识。

任务 7.1　钢材的拉伸试验

1. 任务描述

某建筑公司购进一批 50t HRB400 钢筋，公司与厂家商定以抽取实物试件的检验结果为验收依据，现钢筋已运至施工现场。请同学以施工现场材料员的身份进行该钢材质量验收及合格判定。

学生根据《钢及钢产品力学性能试验取样位置及试样制备》（GB/T 2975—2018）中的有关规定，对钢筋进行取样。根据《金属材料室温拉伸实验方法》（GB/T 228—2016）测定钢筋的屈服强度、抗拉强度、伸长率三个指标，作为评定钢筋强度等级的主要技术依据。

2. 学习目标

（1）能掌握钢材的取样标准。

（2）能掌握所需试验的样品长度。

（3）能掌握检测仪器和设备的使用方法。

（4）能掌握钢材拉伸试验检测方法。

（5）能准确判定钢材的检测结果。

3. 任务实施（理论测试）

引导问题 1：钢筋混凝土结构用钢，主要由碳素结构钢和低合金结构钢轧制而成，主要有_____、_____、_____、_____和_____等。

引导问题 2：热轧钢筋是经过热轧成型并自然冷却的成品钢筋。根据其表面形状分为_____和_____两类。光圆钢筋分为_____和_____两种，热轧带肋钢筋分为_____、_____、_____、_____、_____、_____。

引导问题 3：低碳钢的拉伸过程经历了_____、_____、_____和_____ 4 个阶段。

4. 任务实施（技能操作）

学生根据任务要求完成表 7-1。

表 7-1　钢材的拉伸试验

班级		姓名		学号	
试验名称	钢材的拉伸试验			试验日期	
天气情况				室内温度	

续表

任务准备	
任务计划	
任务实施	
整改措施	

试验小提示

（1）原始标距的刻画：将试件除夹持部分外，标距所在范围按10mm或5mm一格刻划好。

（2）根据试件的规格形状更换合适的夹具。

（3）根据试件的抗拉强度合理选用试验机的量程。

（4）启动试验机，关闭回油阀，慢慢开启送油阀，将试验机工作油缸升起1～2mm后关闭送油阀，然后调节试验机度盘指针，使其归零。

（5）将拉断的两段钢筋试件的断口紧密对接好后，测量试件断后标距L，准确至0.25mm。

5. 钢材拉伸试验数据的处理

钢材拉伸试验结束后，学生完成表7-2。

表 7-2　钢材拉伸试验数据的处理

	试件编号			
试验数据记录	试件公称直径 d/mm			
	试件原始标距 L_0/mm			
	试件原始横截面面积 A_0/mm^2			
	屈服点荷载 F_s/N			

续表

试验数据记录	屈服点 σ_s/MPa					
	最大荷载 F_b/N					
	抗拉强度 σ_b/MPa					
	拉断后标距长度 L_1/mm					
	伸长率 δ_{10} 或 δ_5/%					
结果评定						

6. 评价反馈

　　学生进行自评，评价是否能完钢材拉伸试验的学习、是否能完成钢材拉伸试验的检测和按时完成报告内容等实训成果资料、有无任务遗漏。教师对学生进行的评价内容包括：报告书写是否工整规范，报告内容数据是否出自实训、是否真实合理、阐述是否详细、认识体会是否深刻，试验结果分析是否合理，是否起到了实训的作用。

　　（1）学生进行自我评价，并将结果填入表 7-3 中。

表 7-3　学生自评表

班级		姓名		学号		组别	
学习情境		钢材的拉伸试验					
评价项目		评价标准			分值		得分
检测仪器的选取		能正确选用仪器，安全操作仪器			10		
钢材规格的读取		能准确读取钢材规格			10		
检测过程的规范性		能根据检测步骤进行检测			20		
工作态度		工作态度端正，无缺勤、迟到、早退现象			15		
工作质量		能按计划时间完成工作任务			15		
协调能力		与小组成员、同学之间能合作交流、协调工作			10		
职业素质		能做到安全生产、爱护公物、工完场清			10		
创新意识		能对检测过程进行合理的小结，并对检测过程中水泥的变化进行分析			10		
合　计					100		

　　（2）教师对学生工作过程和工作结果进行评价，并将评价结果填入表 7-4 中。

表 7-4　教师综合评价表

班级		姓名		学号		组别	
学习任务		钢材的拉伸试验					
评价项目		评价标准				分值	得分
考勤		无迟到、早退、旷课现象				10	
工作过程		态度认真,工作积极主动				10	
		安全意识,规范意识				10	
		仪器调试、检测规范,操作无误				10	
		工完场清的职业精神				10	
		组员间协作与配合、沟通表达,团队意识				10	
项目成果		数据分析准确,检测项目完整				40	
合　计						100	

7. 学习任务相关知识点

抗拉性能是钢材的主要性能,通过拉伸试验可以测得屈服强度、抗拉强度、伸长率等技术指标。钢材(低碳钢)的抗拉过程主要包括弹性阶段、屈服阶段、强化阶段、颈缩阶段四个阶段,如图 7-1 所示。

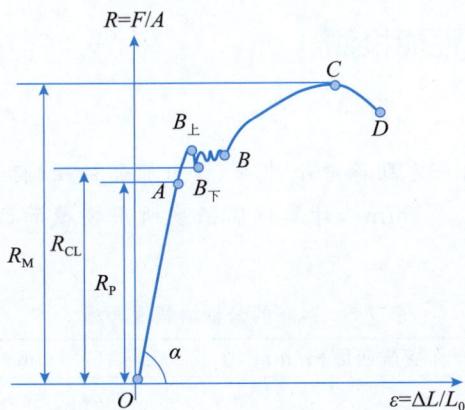

图 7-1　低碳钢受拉时应力-应变图

1) 弹性阶段(OA 段)

应力与应变成正比例关系。弹性阶段的最高点(A 点)所对应的应力称为比例极限或弹性极限,用 R_P 表示。应力与应变的比值为常数,称为弹性模量,反映钢材的刚度。

2) 屈服阶段(AB 段)

应力与应变不再成正比例关系,应力的增长滞后于应变的增长,甚至会出现应力减小的情况,这一现象称为屈服。$B_上$ 为屈服上限,$B_下$ 为屈服下限。因 $B_下$ 点较稳定且容易测定,故常以屈服下限作为钢材的屈服强度,称为下屈服强度,用 R_{CL} 表示,是结构设计时钢材强度的依据。

3）强化阶段（BC 段）

当钢材屈服到一定程度后，由于内部晶格扭曲、晶粒破碎等原因，阻止了塑性变形的进一步发展，钢材抵抗外力的能力重新提高，应力由 B 上升至最高点 C，C 点为极限抗拉强度，用 R_M 表示。R_{CL}/R_M 为屈强比，是评价钢材受力特征的一个参数，反映钢材超过屈服点工作的可靠度、安全度。常用碳素钢的屈强比为 $0.58\sim0.63$，合金钢为 $0.65\sim0.75$。

4）颈缩阶段（CD 段）

过 C 点后，材料变形迅速增大，但应力反而下降。试件在拉断前，于薄弱处截面显著缩小，产生"颈缩现象"，直至断裂（见图 7-2）。颈缩阶段反映了钢材的塑性，用伸长率或断面收缩率表示。

图 7-2　钢材拉断前后的试件

伸长率（A）：量出拉断后标距部分的长度 L_1，标距的伸长值与原始标距 L_0 的百分比称为伸长率。

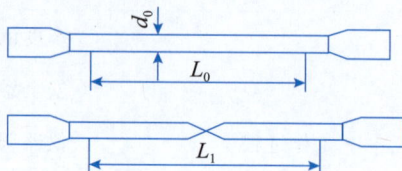

$$A = \frac{L_1 - L_0}{L_0} \times 100\% \tag{7-1}$$

式中：A——伸长率，%；

L_1——拉断后标距部分的长度，mm；

L_0——原始标距，mm。

试验 7.1　钢筋抗拉性能检测

1）试样制备

用钢筋打点机标距出一系列等分小冲点，标出原始标距（标记不应影响试样断裂），测量标距长度 L_0（精确至 0.1mm），计算钢筋强度所用横截面面积，采用表 7-5 所列公称横截面面积。

表 7-5　钢筋的公称横截面面积

公称直径/mm	公称横截面面积/mm²	公称直径/mm	公称横截面面积/mm²
8	50.27	22	380.1
10	78.54	25	490.9
12	113.1	28	615.8
14	153.9	32	804.2
16	201.1	36	1018
18	254.5	40	1257
20	314.2	50	1964

2）钢筋抗拉性能检测

（1）试验一般在室温 10~35℃范围内进行，对温度要求严格的试验，试验温度应为（23±5）℃；应使用楔形夹头、螺纹夹头、套环夹头等合适的夹具夹持试样。

（2）调整万能材料试验机测力度盘的指针，使其对准零点，并拨动副指针，使之与主指针重合。在万能材料试验机右侧的试验记录辐上夹好坐标纸及铅笔等记录设施；有计算机记录的，则应连接好计算机并开启记录程序。

（3）将试样夹持在试验机夹头内。开动试验机进行拉伸，试验机活动夹头的分离速率应尽可能保持恒定，拉伸速度为屈服前应力增加速率，见表7-6，并保持万能材料试验机控制器固定于这一速率位置上，直至该性能被测出为止，屈服后只需测定抗拉强度时，万能材料试验机活动夹头在荷载下的移动速度不宜大于 $0.5L_c/min$，L_c 为试件两夹头之间的距离。

表7-6 屈服前的加荷速率

金属材料的弹性模量/MPa	应力速率/(MPa/s)	
	最小	最大
<150 000	2	20
≥150 000	6	60

（4）加载时要认真观测，在拉伸过程中测力度盘的主指针暂时停止转动时的恒定荷载，或主指针回转后的最小荷载，即为所求的屈服点荷载 F_s(N)。将此时的主指针所指度盘数记录在试验报告中。继续拉伸，当主指针回转时，副指针所指的恒定荷载即为所求的最大荷载 F_b(N)，由测力度盘读出副指针所指度盘数记录在试验报告中。

（5）将已拉断试样的两段在断裂处对齐，尽量使其轴线位于一条直线上。如拉断处由于各种原因形成缝隙，则此缝隙应计入试样拉断后的标距部分长度内。待确保试样断裂部分适当接触后测量试样断后标距 L_1(mm)，要求精确至0.1mm。L_1 的测定方法有以下两种。

① 直接法：如拉断处到邻近的标距点的距离大于 $1/3L_0$ 时，可用游标卡尺直接量出已被拉长的标距长度 L_1。

② 移位法：如拉断处到邻近的标距端点的距离小于或等于 $1/3L_0$ 可按下述移位法确定 L_1。在长段上，从拉断处 O 取等于短段格数，得 B 点，接着取等于长段所余格数[偶数，如图7-3(a)所示]之半，得 C 点；或者取所余格数[奇数，如图7-3(b)所示]减1与加1之半，得 C 与 G 点。移位后的 L 分别为 $AO+OB+2BC$ 或者 $AO+OB+BC+BC_1$。

如果直接测量所求得的断后伸长率能达到技术条件的规定值，则可不采用移位法。如果试件在标距点上或标距外断裂，则测试结果无效，应重做试验。将测量出的被拉长的标距长度 L_1 记录在试验报告中。

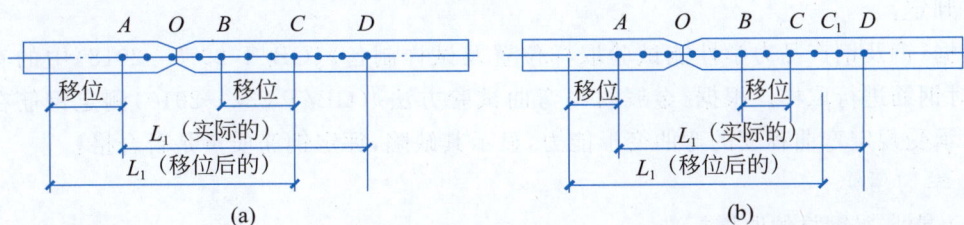

图 7-3 用移位法计算标距

试验结果计算：

$$R_{CL} = F_s/A \tag{7-2}$$

式中：R_{CL}——屈服点，MPa；

F_s——屈服点荷载，N；

A——试件的公称模截面面积，mm²。

当 $R_{CL} > 1000$MPa 时，应计算至 10MPa；R_{CL} 为 200~1000MPa 时，计算至 5MPa；$R_{CL} < 200$MPa 时，计算至 1MPa。小数点数字按"四舍六入五单双法"处理。

a. 抗拉强度按下式计算：

$$R_M = F_b/A \tag{7-3}$$

式中：R_M——抗拉强度，MPa；

F_b——最大荷载，N；

A——试件的公称模截面面积，mm²。

R_M 计算精度的要求同 R_{CL}。

b. 伸长率按下式计算（精确至 1%）。

$$A = (L_1 - L_0)/L_0 \times 100\% \tag{7-4}$$

式中：A——伸长率；

L_0——原标区长度 10d(5d)，mm；

L_1——试件拉断后直接量出或按移位法确定的标距部分长度（测量精确至 0.1mm），mm。

c. 如试件在标距端点上或标距处断裂侧，试验结果无效，应重做试验。

在试验报告册相应栏目中填入测量数据。填表时，要注明测量单位。此外，还要注意仪器本身的精度。在正常状况下，仪器所给出的最小读数，应当在允许误差范围之内。

任务 7.2 钢材的冷弯试验

1. 任务描述

某建筑公司购进一批 50 吨 Φ400 钢筋，公司与厂家商定以抽取实物试件的检验结果为验收依据，现钢筋已运至施工现场。请同学以施工现场材料员的身份进行该钢材质量验收及合格判定。

根据《钢及钢产品力学性能试验取样位置及试样制备》（GB/T 2975—2018）中的有关规定，对钢筋进行取样。根据《金属材料弯曲试验方法》（GB/T 232—2010）测定钢筋在冷加工时承受规定弯曲程度的弯曲变形能力，显示其缺陷，评定钢筋质量是否合格。

2. 学习目标

（1）能掌握钢材的取样标准。

（2）能掌握所需试验的样品长度。

（3）能掌握检测仪器和设备的使用方法。

（4）能掌握钢材冷弯试验检测方法。

（5）能准确判定钢材的检测结果。

3. 任务准备

（1）进入实验室后，先查看室内试验环境是否满足试验要求（10～35℃，温度≥50％），不满足要求时，温度可用空调进行恒温控制。

（2）仪器准备：选取并检查所用仪器设备。

仪器：万能材料试验机或专用弯曲试验机，应配备弯曲装置。

（3）材料准备：根据《钢及钢产品力学性能试验取样位置及试样制备》（GB/T 2975—2018）的要求准备材料。

4. 任务实施（技能操作）

学生根据任务要求完成表 7-7。

表 7-7 钢材的冷弯试验

班级		姓名		学号	
试验名称	钢材的冷弯试验			试验日期	
天气情况				室内温度	
任务准备					
任务计划					
任务实施					
整改措施					

试验小提示

将弯曲试件安放在试验机的弯曲支持根中心处，启动试验机，关闭回油阀，慢慢开启送油阀，按（1±0.2）mm/s 的加荷速率均匀加荷，将试样弯曲至规定角度后卸荷，取下试样察看弯曲结果。

弯曲试验后，试样弯曲外表面无肉眼可见裂纹的为合格。

5. 钢材冷弯试验数据的处理

钢材冷弯试验结束后，学生完成表 7-8。

表 7-8　钢材冷弯试验数据的处理

试验数据记录	试件编号						
	弯心直径/mm						
	弯曲角/(°)						
	弯曲结果						
结果评定							

6. 评价反馈

学生进行自评，评价是否能完钢材拉伸试验的学习、是否能完成钢材拉伸试验的检测和按时完成报告内容等实训成果资料、有无任务遗漏。教师对学生进行的评价内容包括：报告书写是否工整规范，报告内容数据是否出自实训、是否真实合理、阐述是否详细、认识体会是否深刻，试验结果分析是否合理，是否起到了实训的作用。

（1）学生进行自我评价，并将结果填入表 7-9 中。

表 7-9　学生自评表

班级		姓名		学号		组别	
学习情境		钢材的冷弯试验					
评价项目		评价标准			分值	得分	
检测仪器的选取		能正确选用仪器，安全操作仪器			10		
钢材规格的读取		能准确读取钢材规格			10		
检测过程的规范性		能根据检测步骤进行检测			20		
工作态度		工作态度端正，无缺勤、迟到、早退现象			15		
工作质量		能按计划时间完成工作任务			15		
协调能力		与小组成员、同学之间能合作交流、协调工作			10		
职业素质		能做到安全生产、爱护公物、工完场清			10		
创新意识		能对检测过程进行合理的小结，并对检测过程中水泥的变化进行分析			10		
合　计					100		

（2）教师对学生工作过程和工作结果进行评价，并将评价结果填入表7-10教师综合评价表中。

表7-10　教师综合评价表

班级		姓名		学号		组别	
学习任务		钢材的冷弯试验					
评 价 项 目		评 价 标 准				分值	得分
考勤		无迟到、早退、旷课现象				10	
工作过程		态度认真，工作积极主动				10	
		安全意识，规范意识				10	
		仪器调试、检测规范，操作无误				10	
		工完场清的职业精神				10	
		组员间协作与配合、沟通表达，团队意识				10	
项目成果		数据分析准确，检测项目完整				40	
合　计						100	

7. 学习任务相关知识点

1）试样准备

钢筋冷弯试件长度通常为

$$L = (0.5d + a) + 140 \tag{7-5}$$

式中：L——试样长度，mm；

　　d——弯心直径，mm；

　　a——试样原始直径，mm。

试件的直径不大于50mm。

2）钢筋抗弯性能检测

（1）根据钢筋的级别，确定弯心直径、弯曲角度，调整两支辊之间的距离。两支辊之间的距离为

$$L = (d + 3a) \pm 0.5a \tag{7-6}$$

式中：d——弯心直径，mm；

　　a——钢筋公称直径，mm。

距离在试验期间应保持不变。

（2）试样按照规定的弯心直径和弯曲角度进行弯曲，试验过程中应平稳地对试件施加压力。在作用力下的弯曲程度可以分为三种类型（图7-4），测试时应按有关标准中的规定分别选用。

① 达到某规定角度的弯曲，如图7-4(a)所示。

② 绕着弯心弯到两面平行时的程度,如图 7-4(b)所示。

③ 弯到两面接触时的重合弯曲,如图 7-4(c)所示。

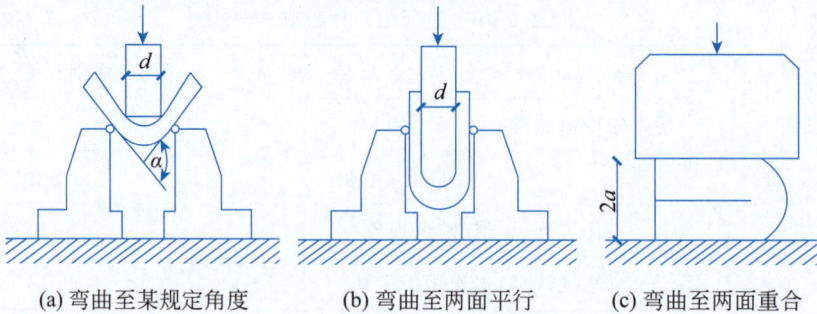

(a) 弯曲至某规定角度   (b) 弯曲至两面平行   (c) 弯曲至两面重合

图 7-4　钢材冷弯试验的几种弯曲程度

（3）重合弯曲时,应先将试样弯曲到图 7-4(b)的形状(建议弯心直径 $d=a$)。然后在两平行面间继续以平稳的压力弯曲到两面重合。两压板平行面的长度或直径应不小于试样重叠后的长度。

（4）冷弯试验的试验温度必须符合有关标准规定。整个测试过程应在 $10\sim35℃$ 或控制条件的 $(23\pm5)℃$ 下进行。

试验结果评定:弯曲后检查试样弯曲处的外面及侧面,如无裂缝、断裂或起层等现象即认为试样合格。做冷弯试验的两根试样中,如有一根试样不合格,即为冷弯试验不合格。应再取双倍数量的试样重做冷弯试验。在第二次冷弯试验中,如仍有一根试样不合格,则该批钢筋即为不合格品。将上述所测得的数据进行分析,分析试样属于哪级钢筋,是否达到要求标准。

项目 8 建筑外门窗物理三性检测

项目描述

门窗被誉为建筑的眼睛,是建筑的重要组成部分,不仅为建筑外立面提供了丰富的装饰效果,还是控制建筑能耗的重要环节。随着建筑节能的话题越来越受关注,门窗的基本功能也越来越受到人们的重视。

门窗三性能一般是指气密性、水密性、抗风压性,在建筑外门窗检验中为必检项目,《建筑外门窗气密、水密、抗风压性能分级及检测方法》(GB/T 7106—2008)和《建筑外窗气密、水密、抗风压性能现场检测方法》(JG/T 211—2007)对门窗的三项基本性能检测有明确要求。

(1) 气密性能。气密性能也称空气渗透性能,是指外门窗在正常关闭状态时,阻止空气渗透的能力。外门窗气密性能的高低,对热量的损失影响极大,气密性能越好,则热交换就越少,对室温的影响也越小。衡量气密性能的指标是以标准状态下,窗内外压力差为10Pa时单位缝长空气渗透量和单位面积空气渗透量来作为评价指标。

(2) 水密性能。水密性能是指外门窗正常关闭状态时,在风雨同时作用下,阻止雨水渗漏的能力。一般检测外门窗水密性能采用的标准是《建筑外门窗气密、水密、抗风压性能分级及检测方法》(GB/T 7106—2008),该标准详细规定了对检测设备的要求、性能检测的方法以及水密性能的分级指标。该检测设备是模拟外门窗在暴风雨天气中所处的状态,采用供压系统、供水系统以及测压和水流量系统对外门窗两侧的压力差值进行计量,然后确定严重渗漏时的压力差值,最后确定外门窗的水密性能系数和等级。

(3) 抗风压性能。抗风压性是指外门窗正常关闭状态时在风压作用下不发生损坏(如开裂、面板破损、局部屈服、黏结失效等)和五金件松动、开启困难等功能障碍的能力。检测方法是以检测试件在瞬时风压作用下,抵抗损坏和功能障碍的能力。

项目内容

本项目的主要内容包括外门窗的气密性、水密性和抗风压性能的测定。通过本项目的训练,学生可达到如下知识目标、能力目标和素养要求。

知识目标

(1) 掌握外门窗三性试验的试验步骤。

(2) 掌握外门窗三性试验试验仪器的选择方法。

(3) 掌握外门窗三性试验的测定方法。

能力目标

（1）能准确进行外门窗三性试验的试验操作，学会正确读数。

（2）完成相应记录与报告，并根据实测强度和国家现行有关标准，判定外门窗三性试验的结果是否符合要求。

（3）能及时向有关生产岗位和单位通报检验结果。

（4）能通过阅读仪器使用说明书，会安全正确地操作仪器。

（5）能正确维护保养仪器。

（6）能查阅、分析、选择、整理相关资料。

（7）能与团队成员团结合作、能自我学习。

素养要求

（1）通过项目实施过程中的咨询、初步方案设计培养学生资料查阅能力、经济成本意识和自我学习的能力。

（2）通过项目实施过程中的检测、小组汇报等环节培养学生安全操作意识、严谨的工作态度、团队合作精神、吃苦耐劳的精神和环境保护意识。

任务 8.1　外门窗三性试验的检测

1. 任务描述

某建筑工地的外门窗即将进行现场安装，工地负责人与厂家商定以抽取实物试件的检验结果为验收依据，现外门窗已运至施工现场。请同学以施工现场材料员的身份进行外门窗质量验收及合格判定。

学生根据《建筑外门窗气密、水密、抗风压性能分级及检测方法》（GB/T 7106—2008）和《建筑外窗气密、水密、抗风压性能现场检测方法》（JG/T 211—2007）中的有关规定，测定外门窗试验检测的主要技术依据。

2. 学习目标

（1）掌握外门窗三性试验的试验步骤。

（2）掌握外门窗三性试验试验仪器的选择方法。

（3）掌握外门窗三性试验的测定方法。

3. 试验仪器及准备

1）试件及其安装

（1）试件应按所提供图 8-1 生产的合格产品或研制的试件，不得附有任何多余的零配件或采用特殊的组装工艺或改善措施。测量试件的外框尺寸，分清被测试件的户内、户外面，选用适当的系列竖隔板搭配使用。

（2）将加力梁移至静压箱左端。

（3）将被测试件安放于静压箱前方，使其边框与静压箱右侧的固定隔板、底板升降横隔板及选好的竖隔板共同组成静压箱室。

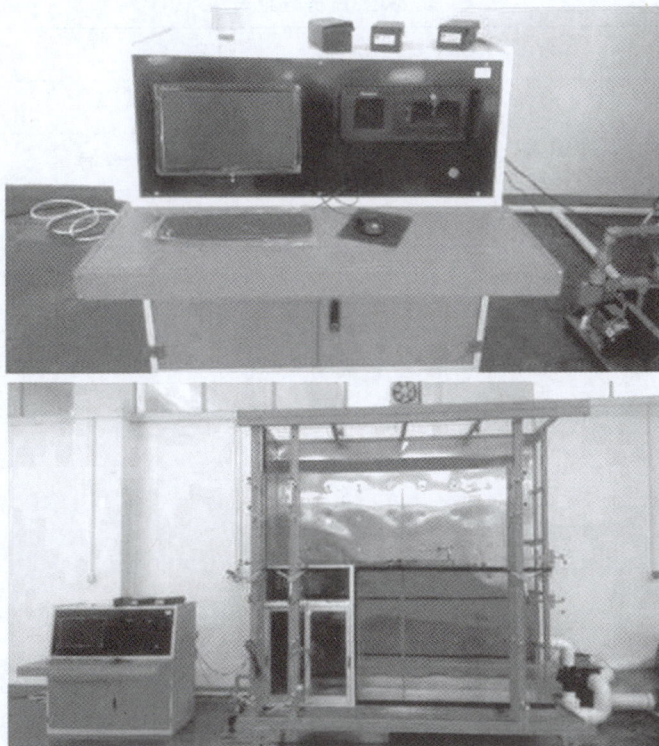

图 8-1 建筑外门窗气密、水密、抗风压性能检测设备

（4）将使用的加力梁移至试件边框处，利用加力梁上的夹具将被测试件均匀夹紧。

（5）观察试件的支梁结构形式，参照相关国家标准，确定主要受力杆件及挠度测试点位置。将位移传感器夹具固定于测试挠度处的加力梁上，并将位移传感器的出点对准试验点，调整好距离后，将其固定于位移夹具上。在采集数据过程中，不允许有任何外力使其产生位移变形。

（6）试件要求垂直，下框要求水平，下部安装框不应高于试件室外侧排水孔，不应因安装而出现变形。试件安装完成后，符合试件安装情况，可开启部分功能正常，表面不可沾有不洁物。试件安装完毕，将试件可开启部分开关 5 次，最后关紧。

2）蓄水池及水管路准备

（1）蓄水池内贮藏至少 4/5 的水量，并要求水质清洁、无杂物。

（2）蓄水池注水后，水路无渗漏。

（3）水调节阀应处于关闭状态。

（4）喷淋控制柜面板上的喷淋控制阀应处于关闭状态。

3）其他

（1）将控制柜上的电气按键置于关闭状态。

（2）检查管路系统连接处应牢固、可靠，无渗漏现象。

4. 任务分组

根据任务分组情况，完成表 8-1。

表 8-1 任务分组表

班级			组号	
组长			学号	
	学号	姓名	学号	姓名
组员				
任务分工				

5.任务实施(技能操作)

根据任务要求完成表 8-2。

表 8-2 外门窗三性试验的检测

班级		姓名		学号	
试验名称	外门窗三性试验的检测			试验日期	
天气情况				室内温度	
任务准备					
任务计划					
任务实施					
整改措施					

6. 外门窗三性试验测定数据处理

学生记录三性测定结果,并将数据填入表 8-3 中。

（1）变形检测的评定。以试件杆件或面板达到变形检测最大面法线挠度时对应的压力差值为 $\pm P_1$;对于单扇单锁点平开窗(门),以角位移值为 10mm 时对应的压力差值为 $\pm P_1$。

（2）反复加压检测的评定。如果经检测,试件未出现功能障碍和损坏,注明 $\pm P_2$ 值或 $\pm P_2'$ 值。如果经检测试件出现工程障碍或损坏,记录出现的功能障碍、损坏情况及其发生部位,并以试件出现功能障碍或损坏时压力差值的前一级压力差分级指标值定级;工程检测时,如果出现功能障碍或损坏时的压力差值低于或等于工程设计值时,该外窗(门)判为不满足工程设计要求。

（3）定级检测的评定。试件经检测为出现功能障碍或损坏时,注明 $\pm P_3$,按 $\pm P_3$ 中绝对值较小者定级。如果经检测,试件出现功能障碍或损坏,记录出现功能障碍或损坏时的情况及其发生的部位,并以试件出现功能障碍或损坏对应的压力差值的前一级分级指标值进行定级。

（4）工程检测的评定。试件未出现功能障碍或损坏时,注明 $\pm P_3$,并与工程的风荷载标准值 W_k 相比较,大于或等于 W_k 时可判定为满足工程设计要求,否则判定为不满足工程设计要求。

（5）三试件综合评定定级检测时,以三试件定级值的最小值为该组试件的定级值。工程检测时,三试件必须全部满足工程设计要求。

表 8-3　外门窗三性试验检测试验报告

试件名称		生产厂家	
委托日期		报告日期	
规格/(mm×mm)		型号	
送样数量		代表批量	
检验类别		玻璃种类	
厚度/mm		镶嵌方法	
气温/℃		气压/kPa	
有无密封条及其材质、界面特征、安装方法		填充材料及其材质	
检验项目	水密性能	气密性能	抗风压性能
检测依据	GB/T 7106—2008	GB/T 7106—2008	GB/T 7106—2008

抗风压性能

试件编号	变形检测		反复受荷检测		定级检测		分级指标	试件所属等级
	$L/300$mm	$P_1/$Pa	$P_2/$Pa	功能障碍	$P_3/$Pa	功能障碍	$\Delta p/$kPa	
1								
2								
3								

续表

水密性能				
试件编号	渗漏压力差/Pa	加压方式	分级指标/Pa	试件所属等级
1	300	稳定加压		
2	300			
3	300			

气密性能					
正压单位缝长空气渗透量/[m^3/(m·h)]	3.9	正压单位面积空气渗透量/[m^3/(m·h)]	11.2	正压所属等级	1
负压单位缝长空气渗透量/[m^3/(m·h)]	3.8	负压单位面积空气渗透量/[m^3/(m·h)]	10.9	负压所属等级	1

正压所属等级 1、负压所属等级 1，综合等级 1

检验结论	

7. 评价反馈

学生进行自评，评价自己是否能完外门窗三性试验检测的学习、是否能按时完成报告内容等实训成果资料、有无任务遗漏。教师对学生进行的评价内容包括：报告书写是否工整规范，报告内容数据是否出自实训、是否真实合理、阐述是否详细、认识体会是否深刻，试验结果分析是否合理，是否起到了实训的作用。

（1）学生进行自我评价，并将结果填入表 8-4 中。

表 8-4　学生自评表

班级		姓名		学号		组别	
学习情境	外门窗三性试验的检测						
评价项目	评价标准					分值	得分
检测仪器的选取	能正确选用仪器,安全操作仪器					10	
钢材规格的读取	能准确读取钢材规格					10	
检测过程的规范性	能根据检测步骤进行检测					20	
工作态度	工作态度端正,无缺勤、迟到、早退现象					15	
工作质量	能按计划时间完成工作任务					15	
协调能力	与小组成员、同学之间能合作交流、协调工作					10	
职业素质	能做到安全生产、爱护公物、工完场清					10	
创新意识	能对检测过程进行合理的小结,并对检测过程中水泥的变化进行分析					10	
合　计						100	

（2）学生以小组为单位，对以上学习任务的过程和结果进行互评，将互评结果填入表 8-5 中。

表 8-5　学生互评表

学习情境	外门窗三性试验的检测		
评 价 项 目	评 价 标 准	分值	得分
计划的合理性	是否能合理的编排检测计划	10	
检测的准确性	检测过程是否正确	10	
团队合作	是否具有良好的合作意识	20	
组织有序	组员之间配合是否默契	15	
工作质量	检测质量良好与否	15	
工作效率	工作效率是否符合要求	10	
工作规范	是否按照检测规范进行检测，安全操作，工完场清	10	
成果展示	能否将检测成果进行拍照并在全班展示，分析检测过程中的得失	10	
合　计		100	

（3）教师对学生工作过程和工作结果进行评价，并将评价结果填入表 8-6 教师综合评价表中。

表 8-6　教师综合评价表

班级		姓名		学号		组别	
学习任务		外门窗三性试验的检测					
评 价 项 目		评 价 标 准			分值		得分
考勤		无迟到、早退、旷课现象			10		
工作过程		态度认真，工作积极主动			10		
		安全意识，规范意识			10		
		仪器调试、检测规范，操作无误			10		
		工完场清的职业精神			10		
		组员间协作与配合、沟通表达，团队意识			10		
项目成果		数据分析准确，检测项目完整			40		
合　计					100		

8. 学习任务相关知识点

1）气密性能检测

（1）试验步骤

① 进入试验界面：双击桌面上门窗快捷方式，单击运行的图片，弹出"测试项目"选择框。选择"气密性能检测"进入试验主界面。

② 数据设定：单击"测试"下拉菜单，选择"数据设定"。在弹出的对话框内根据被测试件填 写后退出。

③ 启动风机：单击"风机启动"按钮。

④ 正向预备加压：单击"正向预备加压"按钮，右上方提示正在进行正向预备加压。正向预备加压结束后提示正向预备加压结束。待压力回零后，将试件所有可开启部分开关5次，最后关紧，便可进行下一步。

⑤ 正向附加渗透量：将被测试件密封后单击"正向附加渗透量"按钮，提示正在进行正向附加渗透量。正向附加渗透量结束后提示正向附加渗透量结束。将试件所有可开启部分开关5次，最后关紧，便可进行下一步。

⑥ 负向预备加压：单击"负向预备加压"按钮，上方提示正在进行负向预备加压。负向与预备加压结束后提示负向预备加压结束。将试件所有可开启部分开关5次，最后关紧，便可进行下一步。

⑦ 负向附加渗透量：单击"负向附加渗透量"按钮，提示正在进行负向附加渗透量。负向附加渗透量结束后提示负向附加渗透量结束，便可进行下一步。

⑧ 正向总渗透量：将被测试件的密封条拆下后单击"正向总渗透量"按钮，提示正在进行正向总渗透量。正向总渗透量结束后提示正向总渗透量结束，便可进行下一步。

⑨ 负向总渗透量：单击"负向总渗透量"按钮，提示正在进行负向总渗透量。负向总渗透量结束后提示负向总渗透量结束，便可进行下一步。

（2）检测值的处理

① 计算。分别计算出升压和降压过程中在 100Pa 压差下的两个附加渗透量的平均值 g 和两个总渗透量测定值的平均值小，则窗试件本身 100Pa 压力差下的空气渗透量 $q_t(m^3/h)$ 可按式（8-1）计算：

$$q_x = q_t - q_f \tag{8-1}$$

然后利用式（8-2）将 q_t，换算成标准状态下的渗透量 $q'(m^3/h)$ 值。

$$q' = \frac{293}{101.3} \times \frac{q_t \cdot p}{T} \tag{8-2}$$

式中：q'——标准状态下通过试件空气渗透量值，m^3/h；

　　　p——实验室气压值，kPa；

　　　T——实验室空气温度值，K；

　　　q_t——试件渗透量测定值，m^3/h。

将 q' 值除以试件开启缝长度 1，即可得出在 100Pa 下，单位开启缝长空气渗透量 $q'[m^3/(m \cdot h)]$ 值，即式（8-3）：

$$q'_1 = \frac{q'}{l} \tag{8-3}$$

或将 q' 值除以试件面积 A，得到在 100Pa 下，单位面积的空气渗透量 $[m^3/(m^2 \cdot h)]$ 值，即式(8-4)：

$$q'_2 = \frac{q'}{A} \tag{8-4}$$

正压、负压分别按式(8-1)~式(8-4)进行计算。

② 分级指标值的确定。为了保证分级指标值的准确度，采用由 100Pa 检测压力差下的测定值 $\pm q'_1$ 或 $\pm q'_2$ 值，按式(8-5)或式(8-6)换算为 10Pa 检测压力差下的相应值 $\pm q_1 [m^3/(m \cdot h)]$ 值，或 $\pm q_2 [m^3/(m^2 \cdot h)]$ 值。

$$\pm q_1 = \pm q'_1 / 4.65 \tag{8-5}$$

$$\pm q_2 = \pm q'_2 / 4.65 \tag{8-6}$$

式中：q'_1——100Pa 作用压力差下单位缝长空气渗透量值，$m^3/(m \cdot h)$；

q_1——10Pa 作用压力差下单位缝长空气渗透量值，$m^3/(m \cdot h)$；

q'_2——100Pa 作用压力差下单位面积空气渗透量值，$m^3/(m^2 \cdot h)$；

q_2——10Pa 作用压力差下单位面积空气渗透量值，$m^3/(m^2 \cdot h)$。

将三樘试件的 $\pm q_1$ 或 $\pm q_2$ 分别平均后对照表 8-7 确定按照缝长和按面积各自所属等级。最后取两者中的不利级别为该组试件所属等级。正、负压测值分别定级。

表 8-7 建筑外门窗气密性能分级表

分级	1	2	3	4	5	6	7	8
单位缝长 分级指标值 $q_1 [m^3/(m \cdot h)]$	$4.0 \geqslant q_1$ > 3.5	$3.5 \geqslant q_1$ > 3.0	$3.0 \geqslant q_1$ > 2.5	$2.5 \geqslant q_1$ > 2.0	$2.0 \geqslant q_1$ > 1.5	$1.5 \geqslant q_1$ > 1.0	$1.0 \geqslant q_1$ > 0.5	$q_1 \leqslant 0.5$
单位面积 分级指标值 $q_2 / [m^3/(m^2 \cdot h)]$	$12 \geqslant q_2$ > 10.5	$10.5 \geqslant q_2$ > 9.0	$9.0 \geqslant q_2$ > 7.5	$7.5 \geqslant q_2$ > 6.0	$6.0 \geqslant q_2$ > 4.5	$4.5 \geqslant q_2$ > 3.0	$3.0 \geqslant q_2$ > 1.5	$q_2 \leqslant 1.5$

2）水密性能检测

（1）试验步骤

① 进入试验界面：选择"水密性能检测"进入试验主界面。

② 正向预备加压：单击"正向预备加压"按钮，提示正在进行正向预备加压。正向预备加压结束后提示正向预备加压结束，便可进行下一步。

③ 淋水：将控制面板上的"水泵转换"旋钮转到右侧启动水泵，单击"淋水"按钮弹出窗体开始进行淋水试验。调节水流量计开关，使水流量达到标准要求。

④ 待时间到后提示淋水结束，便可进行下一步。

⑤ 雨水加压检测：单击"雨水加压检测"按钮，开始进行雨水加压检测，试验员根据每级被测试件的渗漏情况选择相应渗透编号，试验结束后单击"测试结束"按钮。在水密性能检测结束后，将"水泵转换"旋钮转至中间位置关闭水泵。

（2）分级指标的确定

记录每个试件的严重渗漏压力差值。以严重渗漏压力差值的前一级检测压力差值作为该试件水密性能检测值。如果工程水密性能指标值在对应的压力差值作用下未发生渗漏，则此值作为该试件的检测值。

三试件水密性能检测值综合方法为：一般取三个检测值的算数平均值。如果三个检测值中最高值和中间值相差两个检测压力等级以上，将该最高值降至比中间值高两个检测压力等级后，再进行算数平均。如果三个检测值中较小的两值相等时，其中任意一值可视为中间值。

3）抗风压性能检测

（1）试验步骤

① 进入试验界面：单击"抗风压性能检测"进入试验主界面。

② 正向预备加压：单击"正向预备加压"按钮，提示正在进行正向预备加压。正向预备加压结束后提示正向预备加压结束，便可进行下一步。

③ 正向变形检测：单击"正向变形"检测按钮，提示正在进行正向变形检测。正向变形检测结束后提示正向变形检测结束，便可进行下一步。

④ 负向预备加压：单击"负向预备加压"按钮，提示正在进行负向预备加压。负向预备加压结束后提示负向预备加压结束，便可进行下一步。

⑤ 负向变形检测：单击"负向变形检测"按钮，提示正在进行负向变形检测。负向变形检测结束后提示负向变形检测结束，便可进行下一步。

⑥ 正向反复受压：单击"正向反复加压"按钮，提示正在进行正向反复受压。正向反复受压结束后提示正向反复受压结束，将试件可开启部分开启 5 次，便可进行下一步。

⑦ 正向安全检测：单击"正向安全检测"按钮，提示正在进行正向安全检测。正向安全检测结束后提示正向安全检测结束，便可进行下一步。

⑧ 负向安全检测：单击"负向安全检测"按钮，提示正在进行负向安全检测。负向安全检测结束后提示负向安全检测结束。

⑨ 抗风压性能检测：单击"风机停止"按钮，关闭风机。

（2）试验结果的评定

① 变形检测的评定。以试件杆件或面板达到变形检测最大面法线挠度时对应的压力差值为 $\pm P_1$；对于单扇单锁点平开窗（门），以角位移值为 10mm 时对应的压力差值为 $\pm P_1$。

② 反复加压检测的评定。如果经检测，试件未出现功能障碍和损坏，注明 $\pm P_2$ 值或 $\pm P_2'$ 值。如果经检测试件出现工程障碍或损坏，记录出现的功能障碍、损坏情况及其发生部位，并以试件出现功能障碍或损坏时压力差值的前一级压力差分级指标值定级；工程检测时，如果出现功能障碍或损坏时的压力差值低于或等于工程设计值时，该外窗（门）判为不满足工程设计要求。

③ 定级检测的评定。试件经检测为出现功能障碍或损坏时，注明 $\pm P_3$，按 $\pm P_3$ 中绝

对值较小者定级。如果经检测,试件出现功能障碍或损坏,记录出现功能障碍或损坏时的情况及其发生的部位,并以试件出现功能障碍或损坏对应的压力差值的前一级分级指标值进行定级。

④ 工程检测的评定。试件未出现功能障碍或损坏时,注明$\pm P_3$并与工程的风荷载标准值W_k相比较,大于或等于W_k时可判定为满足工程设计要求,否则判为不满足工程设计要求。

⑤ 三试件综合评定定级检测时,以三试件定级值的最小值为该组试件的定级值。工程检测时,三试件必须全部满足工程设计要求。

参考文献

[1] 杨建华.建筑材料与检测[M].南京:南京大学出版社,2018.

[2] 陈玉萍.建筑材料与检测[M].北京:北京大学出版社,2017.

[3] 白燕,刘玉波.建筑工程材料检测[M].北京:机械工业出版社,2016.

[4] 范红岩,陈立东.建筑材料[M].武汉:武汉理工大学出版社,2014.

[5] 孙洪硕,孙丽娟.建筑材料[M].北京:人民邮电出版社,2015.

[6] 宋岩丽,周仲景.建筑材料与检测[M].北京:人民交通出版社,2015.

[7] 张虽栓,祝云华.建筑材料[M].西安:西安交通大学出版社,2015.

[8] 高淑娟,刘淑红,王倩.建筑材料与检测[M].南京:南京大学出版社,2016.

[9] 于新文.建筑材料与检测[M].北京:人民邮电出版社,2015.

[10] 夏正兵,张珂峰.建筑材料[M].南京:东南大学出版社,2010.